Inhaltsverzeichnis

①

Zahldarstellung	T	H	Z	E	Zahl
	1	1	7	5	1175

	1	6	1	2	
					1728

	1	4	0	8	
					1046

②

700 + 200 = ______ 400 + 300 = ______ 100 + 600 = ______

1 700 + 200 = ______ 1 400 + 300 = ______ 1 100 + 600 = ______

800 – 300 = ______ 500 – 400 = ______ 900 – 600 = ______

1 800 – 300 = ______ 1 500 – 400 = ______ 1 900 – 600 = ______

③

1 300 + 400 = ______ 1 700 + 200 = ______ 1 500 + 300 = ______

1 340 + 400 = ______ 1 760 + 200 = ______ 1 530 + 300 = ______

1 340 + 430 = ______ 1 760 + 220 = ______ 1 530 + 340 = ______

1 347 + 430 = ______ 1 768 + 220 = ______ 1 530 + 348 = ______

1 900 – 500 = ______ 1 300 – 200 = ______

1 970 – 500 = ______ 1 380 – 200 = ______

1 970 – 550 = ______ 1 380 – 250 = ______

1 978 – 550 = ______ 1 389 – 250 = ______

4 **Ordne die Zahlen der Größe nach. Beginne mit der kleinsten Zahl.**

a) 1 328, 1 823, 1 238, 1 283, 1 832, 1 028

b) 980, 1 098, 1 089, 98, 1 890, 1 980

c) 2 000, 1 220, 1 020, 1 222, 1 022, 1 202

a) ______, ______, ______, ______, ______, ______

b) ______, ______, ______, ______, ______, ______

c) ______, ______, ______, ______, ______, ______

5 **Setze ein: <, >, =.**

1 632 ◯ 1 623	1 300 ◯ 1 100 + 20	1 308 ◯ 1 380
1 748 ◯ 1 478	1 800 ◯ 1 730 + 70	1 798 ◯ 1 098
1 912 ◯ 1 921	1 500 ◯ 1 475 + 25	1 999 ◯ 1 998
1 047 ◯ 1 074	1 912 ◯ 1 800 + 12	1 780 ◯ 1 708

6

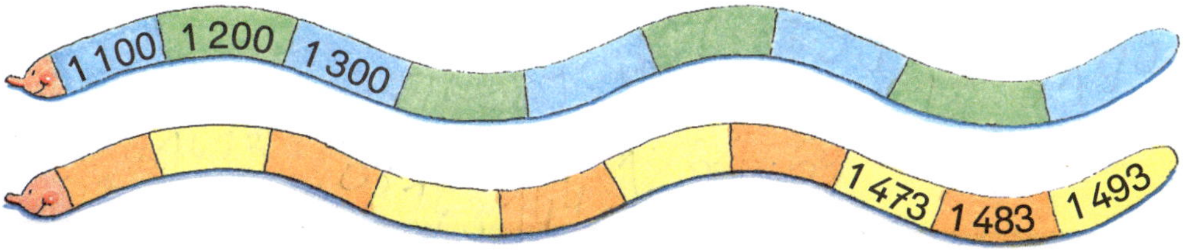

7

Meine Zahl hat die Ziffern 1, 2, 3 und 4. Sie liegt zwischen 1 200 und 1 300. Wie könnte sie heißen?

Meine Zahl liegt genau zwischen 1 800 und 1 900. Wie heißt sie?

Meine Zahl liegt zwischen 1 500 und 1 600. Sie hat 3 gleiche Ziffern. Wie könnte sie heißen?

______, ______ ______ ______, ______

Im ersten und zweiten Tausender

... und ein bisschen weiter!

1

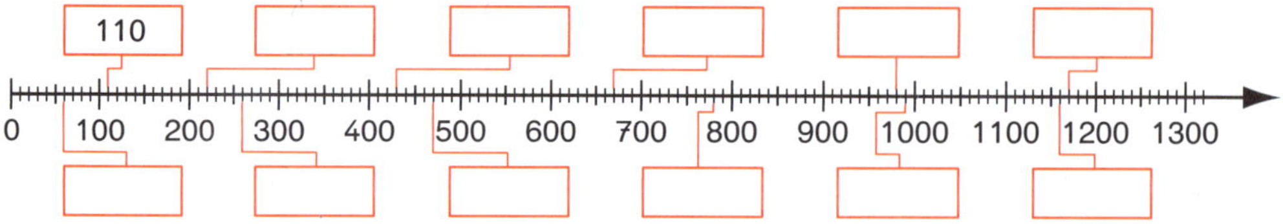

2 **Nachbarzahlen**

146	147	___	___	300	___	___	120	___
___	1 147	___	___	1 300	___	___	1 120	___
___	399	___	___	800	___	___	460	___
___	1 399	___	___	1 800	___	___	1 460	___
___	701	___	___	630	___	___	900	___
___	1 701	___	___	1 630	___	___	1 900	___

3 **Rechne zu den Nachbarzehnern.**

124 + ___	=	130	799 – ___	=	790
1 124 + ___	=	1 130	1 799 – ___	=	1 790
367 + ___	=	___	683 – ___	=	___
1 367 + ___	=	___	1 683 – ___	=	___

4 **Tausenderfreunde**

5

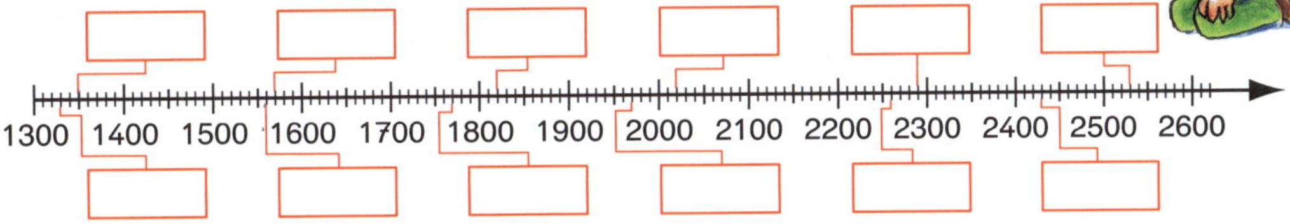

6 **Rechne zu den Nachbarhundertern.**

357 + ______ = 400		846 + ______ = ______	
357 – ______ = 300		846 – ______ = ______	
1 357 + ______ = ______		1 846 + ______ = ______	
1 357 – ______ = ______		1 846 – ______ = ______	

7 **Rechne zu den Nachbartausendern.**

1 874 + ______ = 2 000	1 112 + ______ = ______
1 874 – ______ = 1 000	1 112 – ______ = ______
1 329 + ______ = ______	1 691 + ______ = ______
1 329 – ______ = ______	1 691 – ______ = ______

8 **Für Mathe-Super-Stars!**

5 300 + ______ = 8 000	8 999 + ______ = 10 000
3 250 + ______ = 6 000	1 111 + ______ = 3 000

9 **Zehntausenderfreunde**

Halbschriftlich addieren und subtrahieren bis 2 000

1

798 + 476 =

800 + 474 = ______

757 + 595 =

752 + 600 = ______

Ich habe 798 vergrößert und 476 verkleinert!

Und ich habe 595 vergrößert und 757 verkleinert!

Rechentrick bei ⊕:
Du musst eine Zahl vergrößern und dann die andere Zahl verkleinern.
Nutze die Hunderternähe!

1 497 + 138 = ______

1 500 + ______ = ______

1 328 + 298 = ______

______ + 300 = ______

1 391 + 364 = ______

______

1 217 + 694 = ______

______

1 295 + 325 = ______

______

1 175 + 492 = ______

______

793 + 439 = ______

______

941 + 597 = ______

______

1 598 + 266 = ______

______

883 + 696 = ______

______

2 831 – 503 =

828 – 500 = ______

768 – 497 =

771 – 500 = ______

Rechentrick bei ⊖: Entweder musst du beide Zahlen verkleinern oder beide Zahlen vergrößern!

704 – 245 = ______

700 – ______ = ______

1 527 – 298 = ______

______ – 300 = ______

1 605 – 428 = ______

______

1 113 – 795 = ______

______

1 272 – 604 = ______

______

976 – 597 = ______

______

1 827 – 1 302 = ______

______

1 347 – 1 092 = ______

______

643 – 408 = ______

______

804 – 599 = ______

______

1 **Löse möglichst alle Aufgaben im Kopf.**

640 + 170 = ______ 280 + 460 = ______

648 + 170 = ______ 284 + 460 = ______

648 + 175 = ______ 284 + 467 = ______

1 648 + 175 = ______ 1 284 + 467 = ______

970 – 690 = ______ 830 – 250 = ______

972 – 690 = ______ 836 – 250 = ______

972 – 696 = ______ 836 – 258 = ______

1 972 – 696 = ______ 1 836 – 258 = ______

2

+	600	660	667
856			
473			
1 149			

–	700	780	785
933			
1 262			
1 751			

3

654 + 398 = ______

1 569 + 225 = ______

1 297 + 648 = ______

943 – 559 = ______

1 317 – 795 = ______

1 298 – 156 = ______

4 **Schau genau – rechne schlau:**

1 798 – 475 – 25 = ______

936 – 683 – 117 = ______

1 527 – 468 – 532 = ______

325 + 667 + 233 = ______

489 + 354 + 511 = ______

652 + 348 + 813 = ______

438 – 156 – 238 = ______

1 673 – 203 – 573 = ______

1 825 – 478 – 225 = ______

564 + 685 + 236 = ______

1 128 + 452 + 372 = ______

751 + 269 + 449 = ______

① Rechne die Aufgabe und die Umkehraufgabe.

		8	6	7					
+		5	3	6	↗	1	4	0	3
		1	1		−		5	3	6

		3	4	5
+		9	8	9

	1	6	4	5	↗	+	9	6	8
−		9	6	8					

	1	8	2	7
−		3	8	6

② Schreibe untereinander und rechne:

a) 47 + 589 + 1 206 b) 437 + 869 + 8

c) 65 + 36 + 1 457 d) 1 976 – 1 188

a) b) c) d)

③ Richtig ☑ oder falsch ☐? Berichtige unten.

634	5 5	784	432
568	1 6̸6̸7	76	568
+ 176	− 289	+ 424	+ 328
1 1		1	1
1 378 ☐	1 368 ☐	1 968 ☐	1 229 ☐

4 Welche Ziffern fehlen?

		□	7	□
+		2	□	6
		1	1	
		4	1	2

		8	□	2
+		□	4	□
		1		
	1	5	2	9

		□	5	9
+		4	□	7
		1	1	
	1	1	4	□

	1	1	□	9
+		5	1	□
	□	□	2	4

		8	6	
		~~9~~	~~7~~	□
−		□	8	9
		4	□	6

			1	
	1	□	~~2~~	4
−		5	□	□
	1	1	0	9

		8		
	□	~~9~~	1	6
−		□	2	□
	1	3	9	3

		9		
	~~1~~	~~0~~	3	□
−		□	6	2
		1	□	0

5 Rechne auf deinem Weg:

913 – 556 – 238 = ______

854 – 138 – 79 = ______

1 276 – 432 – 187 = ______

1 626 – 735 – 274 = ______

6 Schriftlich oder im Kopf?

1 125 + 477 = ______

1 336 – 546 = ______

1 638 + 262 = ______

927 – 398 = ______

Die vierköpfige Familie Schneider macht in den Herbstferien einen Ausflug in die Berge. Für die Busfahrt bezahlt Herr Schneider insgesamt 44,80 €, die Bergbahn kostet für die Erwachsenen je 7 €, die beiden Kinder bezahlen zusammen 9 €. Für Essen und Getränke gibt die Familie insgesamt 19,20 € aus, jedes Kind erhält noch ein T-Shirt zu je 8,90 €.

(1) Unterstreiche die Fragen:

grün, wenn du die Antwort sofort im Text findest,
gelb, wenn du erst rechnen musst,
rot, wenn man die Fragen nicht beantworten kann.

a) Wie viel gibt die Familie insgesamt aus? ________

b) Wie teuer sind die Getränke? ________

c) Was kostet die Busfahrt für einen Erwachsenen? ________

d) Wie viel Geld bleibt übrig? ________

e) Wie viel kostet die Bergbahn insgesamt? ________

f) Wie viele T-Shirts werden gekauft? ________

g) Wann ist die Familie wieder an der Talstation? ________

h) Was kostet die Bergbahn für 1 Kind? ________

i) Wie viele Personen gehören zur Familie Schneider? ________

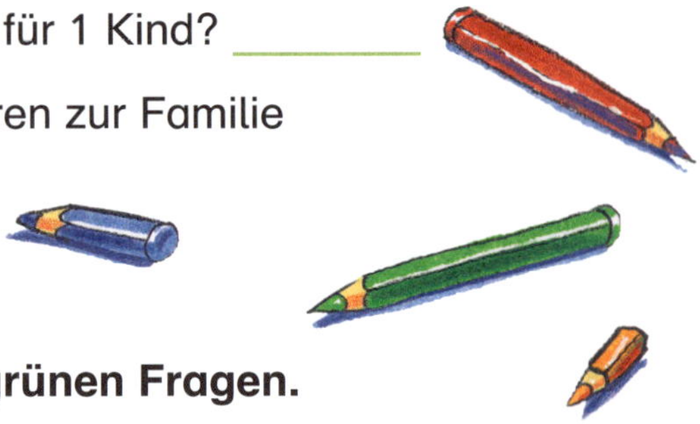

(2) Beantworte nun oben die grünen Fragen.

3 **Rechne und beantworte dann die gelben Fragen.**

4 **Welche Angaben brauchst du noch, damit du auch die roten Fragen beantworten kannst? Kreuze an.**

- ☐ Sie steigen um 10.35 Uhr an der Bergstation aus.
- ☐ Sie steigen um 10.15 Uhr in die Bergbahn ein.
- ☐ Von der Bergstation zum Gipfel wandern sie 35 min.
- ☐ Sie fahren um 16.30 Uhr ins Tal zurück.
- ☐ Familie Schneider bestellt 4-mal Erbsensuppe für je 3,50 €.
- ☐ Die Familie macht einen Ausflug zur Alpspitze.
- ☐ Die Busfahrt kostete für 1 Kind 7,40 €.
- ☐ Herr Schneider hatte am Morgen 150 € im Geldbeutel.

5 **Rechne und beantworte auch die roten Fragen.**

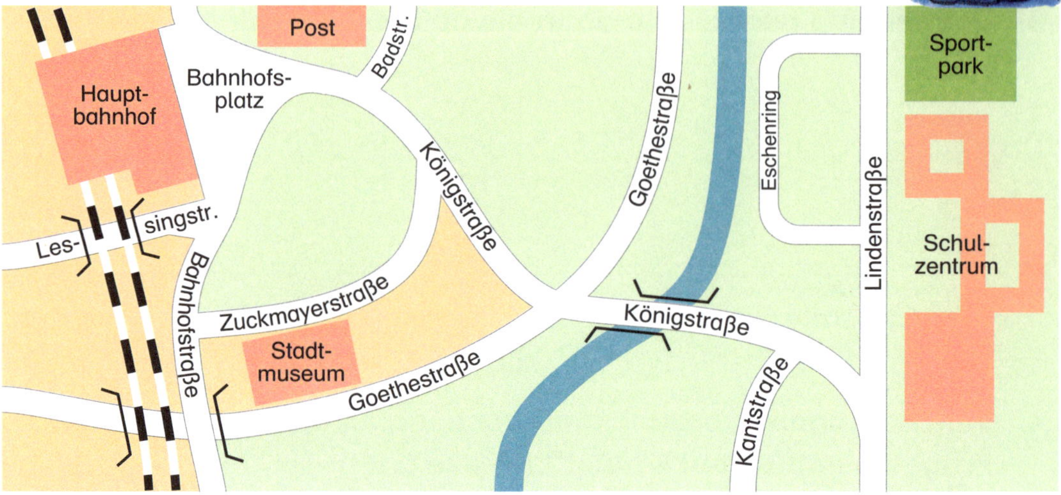

Fülle die Lücken und streiche Falsches weg.

a) An welcher Straße liegt das Schulzentrum? ____________________

b) Welches Gebäude liegt zwischen Zuckmayer- und Goethestraße?

____

c) Welche beiden Straßen unterqueren die Bahngleise?

____________________ und ____________________

d) Wie kommt man von der Kantstraße in die Badstraße?

Man biegt nach rechts/links in die ________________ ein und biegt dann die erste/zweite/dritte Straße nach ____________ ab.

e) Welcher ist der kürzeste Weg vom Schulzentrum zum Bahnhof?

Ich gehe links/rechts ein kurzes Stück die Lindenstraße entlang, biege rechts/links in die ____________________ ein, die dann zum ____________-platz führt.

① Aus wie vielen Einzelquadraten bestehen die Flächen?

____ Quadrate

____ Quadrate

② Wie lässt sich die Zahl der Quadrate ebenso genau, aber schneller ermitteln als durch einfaches Zählen? Kreuze an.

- ☐ Durch ungefähres Schätzen
- ☐ Quadrate pro Reihe mal Zahl der Reihen
- ☐ Quadrate pro Reihe plus Zahl der Reihen

③ Ein Fliesenleger soll diese Fläche auslegen (an einer Ecke hat er schon begonnen). Um die Fläche herum verlegt er ein Band von farbigen Randfliesen.

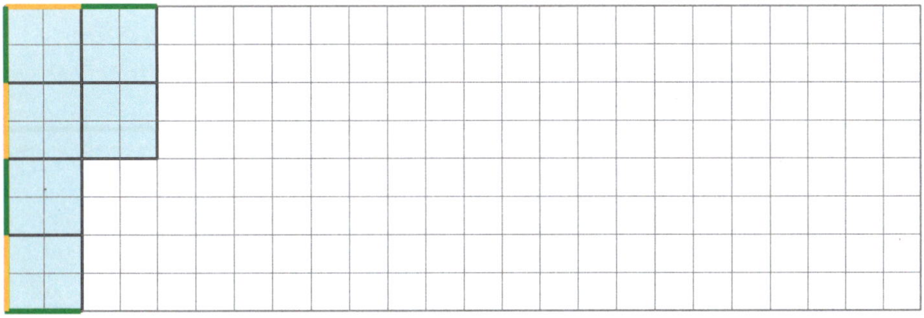

a) Zeichne die Fliesen fertig!

b) Wie viele Bodenfliesen und wie viele bunte Randfliesen sind es insgesamt?

____ Bodenfliesen und ____ Randfliesen.

1 Verbinde.

$\frac{1}{8}$ l	500 ml	1 l	$\frac{3}{4}$ l	$\frac{1}{4}$ l
750 ml	125 ml	$\frac{1}{2}$ l	1 000 ml	250 ml

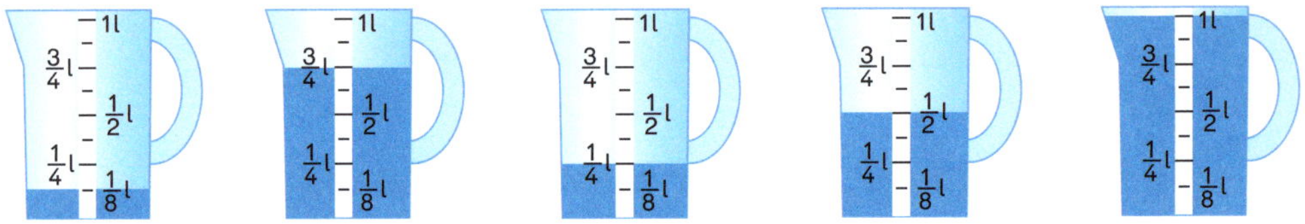

2

1 Liter	
500 ml	
	900 ml
250 ml	
	430 ml
160 ml	
	688 ml

3

l/ml	mit Komma
1 l 125 ml	
	2,250 l
3 l 500 ml	
	1,750 l
500 ml	
	0,700 l

4 Ergänze auf 1 l.

$\frac{1}{2}$ l + ____ = 1 l

$\frac{3}{4}$ l + ____ = 1 l

$\frac{1}{4}$ l + ____ = 1 l

$\frac{1}{4}$ l + $\frac{1}{4}$ l + ____ = 1 l

5

Für Mathe-Super-Stars!

$\frac{1}{2}$ l + $\frac{1}{4}$ l + ____ = 1 l

$\frac{3}{4}$ l + $\frac{1}{8}$ l + ____ = 1 l

$\frac{1}{4}$ l + $\frac{1}{4}$ l + $\frac{1}{4}$ l + $\frac{1}{8}$ l + ____ = 1 l

6 Verbinde.

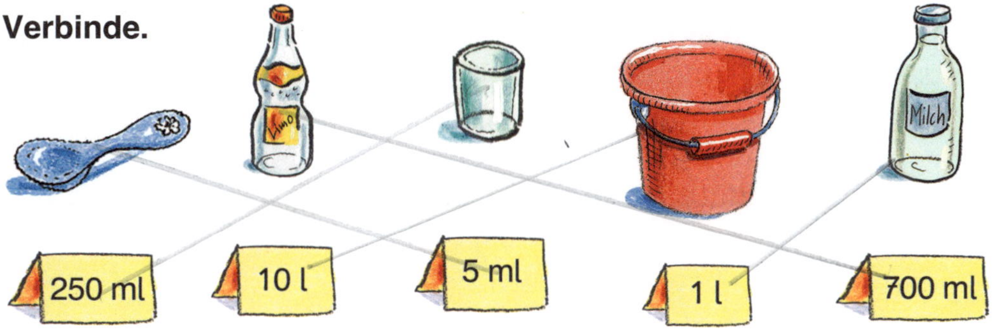

7 Jedes Kind soll jeden Tag etwa $1\frac{1}{2}$ l trinken. Die Kinder haben aufgeschrieben, was sie jeden Tag getrunken haben. War es genug?

 1 l	 500 ml	 100 ml	 200 ml	 250 ml	zusammen	genug?
		3	4			
	2	1	2			
1	1		1			
	1	2	1	3		
	1	1		2		

8 Vergleiche mit ⓧ<, >, =.

0,7 l (<) 750 ml	0,3 l ◯ 330ml	0,8 l ◯ 80 ml
0,25 l ◯ 250ml	$\frac{1}{2}$ l ◯ 400ml	1,5 l ◯ 1 000 ml
0,1 l (<) 1 l	200 ml ◯ $\frac{1}{4}$ l	$\frac{1}{8}$ l ◯ 125 ml

Sachaufgaben oder Kapitänsaufgaben?

Welche Aufgaben kann man nicht lösen? Kreuze sie an ☒. Solche Aufgaben nennt man auch Kapitänsaufgaben. Löse alle anderen Aufgaben.

(1) ☐ Miriam und Claudia treffen sich um 14.15 Uhr vor dem Theater. Die Schülervorstellung beginnt um 14.30 Uhr und dauert 1 h 45 min. Um wie viel Uhr ist die Vorstellung zu Ende?

Antwort:

Sie ist um ________ Uhr zu Ende.

(2) ☐ Andreas, Michael und Simone kaufen ihrer Mutter zum Geburtstag einen Blumenstrauß für 9,50 € und Pralinen zu 5,80 €. Wie viel muss jedes Kind bezahlen?

Antwort:

Jeder bezahlt ________ €.

(3) ☐ Thomas ist 37 cm kleiner als sein Vater und 15 cm größer als seine Schwester. Die Mutter ist 8 cm kleiner als der Vater. Wie groß ist Thomas?

Antwort:

Thomas ist ________ cm groß.

④ Lenas Mutter ist 4-mal so alt wie Lena und 6-mal so alt wie Lenas Bruder Julian. Lenas Vater ist 4 Jahre älter als seine Frau und halb so alt wie die 80-jährige Oma. Wie alt sind Lena, Julian, Mutter und Vater?

☐

Antwort:

Lena ist ____ Jahre alt,

Julian ist ____ Jahre alt,

die Mutter ist ____ Jahre alt,

der Vater ist ____ Jahre alt.

⑤ Clara trainiert im Schwimmclub 2-mal pro Woche. Dabei schwimmt sie jeweils 30-mal die Länge des Schwimmbeckens. Wie viele m schwimmt sie in einer Woche?

☐

Antwort:

Sie schwimmt ______ m pro Woche.

⑥ Sofie kauft sich von ihrem Taschengeld ein Buch für 5,95 € und Kaugummi für 99 ct. Wie viel Geld hat sie noch übrig?

☐

Antwort:

Sie hat noch _______ übrig.

Überlege:
Welche Angaben fehlen bei den Kapitänsaufgaben?

Zahlen bis zur Million

… und ein bisschen darüber hinaus!

①

Zahl	M	HT	ZT	T	H	Z	E	Zerlegung
336 118								3 HT 3 ZT 6 T 1 H 1 Z 8 E
912 748								
1 431 420								
	1	0	8	2	7	6	1	
	1	3	0	4	6	4	3	
	2	7	4	1	0	3	8	
								1 M 5 ZT 3 T 7 H 1 Z 6 E
								9 H 2 M 9 Z 3 HT
								6 E 7 T 1 M 3 H 9 ZT
								2 M 1 HT 4 T 9 E 3 Z

② **Zerlege:**

342 198 = 300 000 + 40 000 + 2 000 + ____________

61 719 = ____________

1 034 237 = ____________

708 976 = ____________

1 300 708 = ____________

③ **Wie heißt die Zahl?**

100 000 + 90 000 + 4 000 + 300 + 70 + 4 = ____________

1 000 000 + 70 000 + 600 + 50 + 9 = ____________

30 000 + 400 000 + 80 + 7 000 + 9 = ____________

7 + 500 + 7 000 + 60 000 + 300 000 = ____________

90 + 400 + 7 + 800 000 + 10 000 = ____________

4 **Welcher Wurm frisst welchen Apfel? Verbinde.**

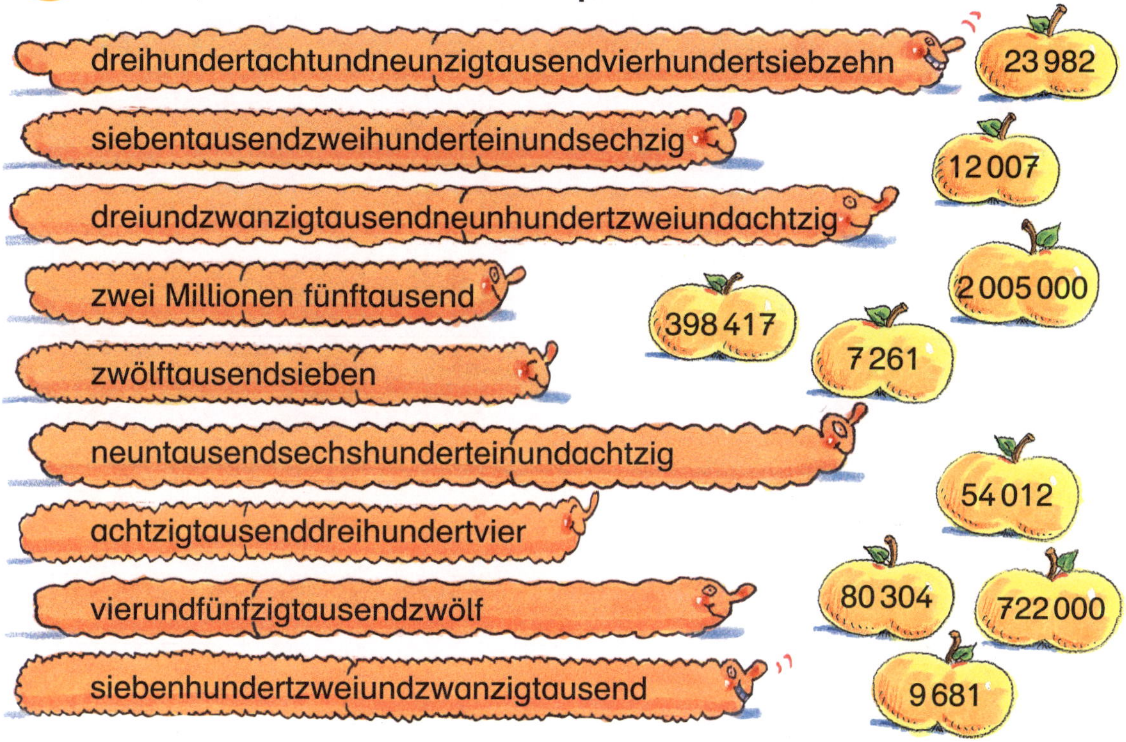

5

+	40	300	5 000
200 430			
71 246			
3 519			
1 612 128			

6

–	30	5 000	200
847 379			
1 789 547			
69 896			
345 236			

1

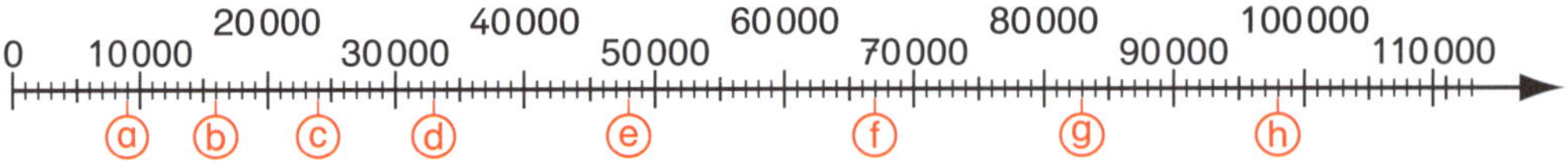

a) ______ b) ______ c) ______ d) ______

e) ______ f) ______ g) ______ h) ______

2

3 **In Zehnerschritten:**

52618	47376	71357
52628		

4 **In Hunderterschritten:**

61456	38749	76637
61556		

5

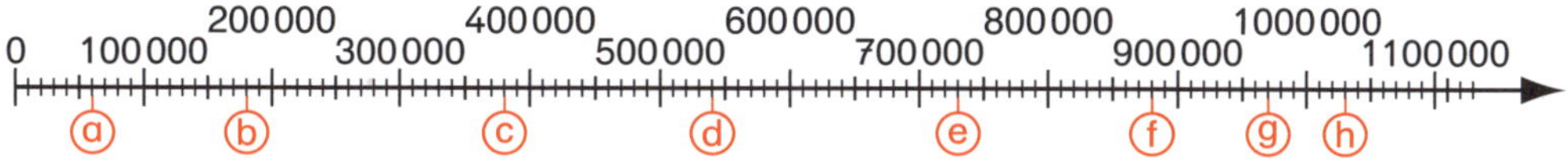

a) ________ b) ________ c) ________ d) ________

e) ________ f) ________ g) ________ h) ________

6 **In Hunderterschritten:**

107 241	808 697	342 873
107 341		

7 **In Tausenderschritten:**

212 917	698 767	349 103

8

Welcher Nachbar liegt näher? Kreise ihn ein.

① Nachbartausender

367 000	367 942	368 000	______	299 801	______
______	621 812	______	______	400 122	______
______	740 148	______	______	299 651	______

② Nachbarzehntausender

______	367 942	______	______	159 617	______
______	621 812	______	______	299 801	______
______	740 148	______	______	400 122	______

③ Nachbarhunderttausender

______	367 942	______	______	159 617	______
______	621 812	______	______	299 801	______
______	740 148	______	______	400 122	______

④ Nachbarzahlen

______	500 000	______	______	769 899	______
______	640 000	______	______	129 999	______
______	230 199	______	______	300 030	______

⑤

Wie heißt die größte gerade 5-stellige Zahl?

______

Wie heißt die kleinste ungerade 5-stellige Zahl?

______

Meine Zahl liegt genau in der Mitte von 400 000 und 450 000.

______

Meine Zahl ist 6-stellig, gerade und kleiner als 300 000. Sie hat lauter gleiche Ziffern.

______

6 **Ordne der Größe nach. Beginne mit der kleinsten Zahl.**

a) 721 | 721 000 | 7 021 | 701 221 | 72 121

________, ________, ________, ________, ________

b) 43 729 | 43 027 | 43 279 | 43 792 | 43 927

________, ________, ________, ________, ________

7 **Vergleiche mit <, >, =.**

760 240 ◯ 760 240 | 507 320 ◯ 507 032

443 128 ◯ 443 218 | 23 618 ◯ 32 168

651 912 ◯ 615 912 | 777 070 ◯ 707 070

31 748 ◯ 317 480 | 100 001 ◯ 101 100

8 **Setze die Zahlenfolgen fort.**

16 325, 16 330, 16 335, ________, ________, ________

170 710, 170 820, 170 930, ________, ________, ________

8 025, 8 050, 8 075, ________, ________, ________

312 798, 312 795, 312 792, ________, ________, ________

47 133, 47 122, 47 111, ________, ________, ________

9 **Male an: > 300 000 blau, < 300 000 rot.**

600 701	300 030	300 003	1 029 900
390 999	37 998	33 128	300 001
290 998	29 300	299 111	290 300

① **Welche beiden Teile ergeben einen Quader?**
Umkreise mit gleicher Farbe.

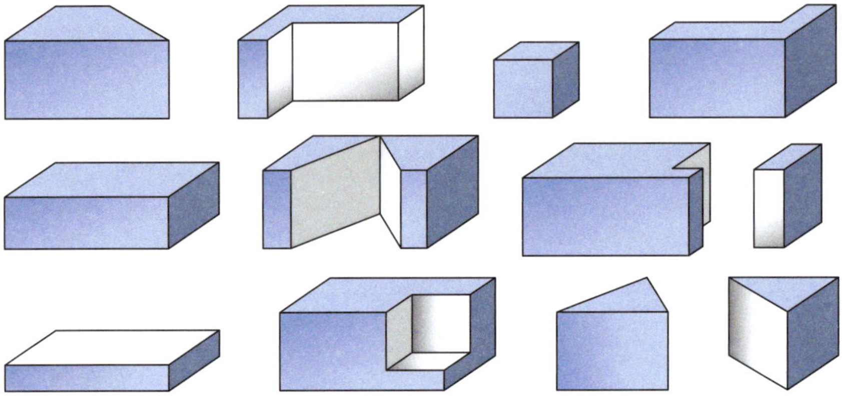

② **Kippe die Streichholzschachtel wie angegeben.**
Liegt die Schachtel am Ende so  **oder so**  **?**

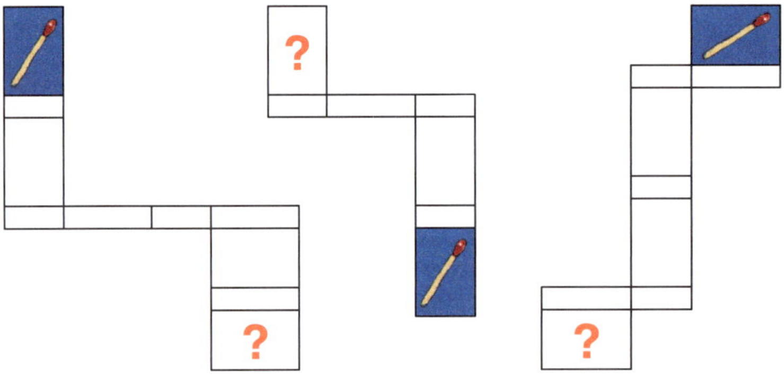

3

Für Mathe-Super-Stars!

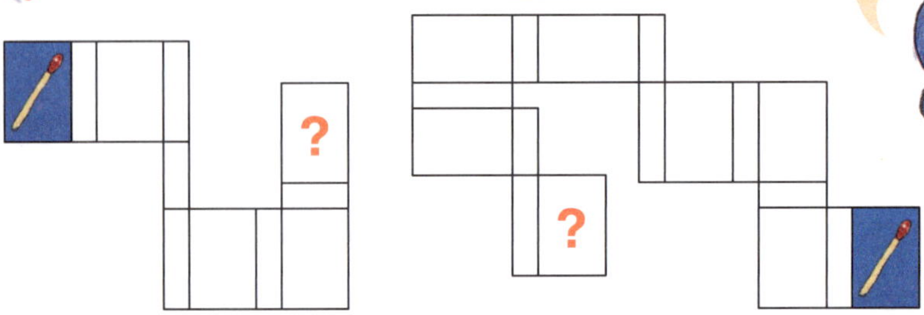

④ **Alles Quadernetze? Streiche die falschen durch!**

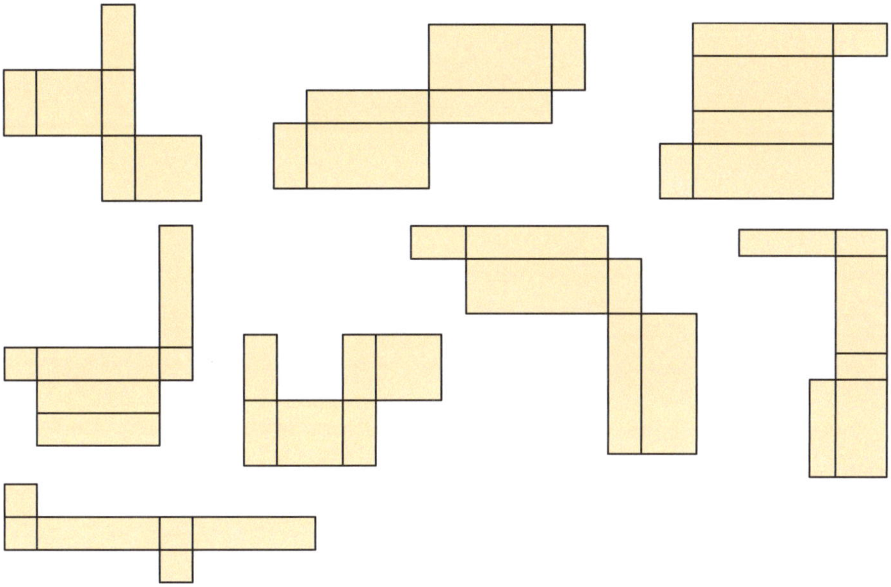

5 **Hier hat jemand Quadernetze kleingeschnitten.**
Färbe alle Teile gleich, die zum selben Quader gehören!

Kreuze nur die passenden Rechenfragen an. Rechne und antworte.

1. Katharina wünscht sich zum Geburtstag ein Skateboard für 95 €, Sportschuhe für 59,90 € und einen Helm und Knieschoner für insgesamt 63,50 €. 50 € hat sie bereits gespart, 70 € bekommt sie von ihrer Oma, den Rest bezahlen die Eltern.

- ☐ Was kostet alles zusammen?
- ☐ Wie alt ist die Oma?
- ☐ Was kosten die Knieschoner?
- ☐ Wie viel bezahlen die Eltern?

Antwort: ______________________________

____

2. Beim Schulfest macht der Elternbeirat einen Gewinn von 1 360 €. Die Hälfte des Geldes wird für die Umgestaltung des Pausenhofes verwendet, die andere Hälfte wird an die 8 Klassen verteilt.

- ☐ Für wie viel Geld wurden Getränke gekauft?
- ☐ Wie viel Geld bekommt jede Klasse?
- ☐ Wie viel Geld wird für den Pausenhof verwendet?
- ☐ Wie viele Schüler besuchen die Schule?

Antwort: ______________________________

____

(3) Peter macht mit seinem Freund 2-mal pro Woche beim Ausdauertraining des Sportvereins mit. Sie laufen den 1 680 m langen Trimmpfad jeweils 3-mal.

- ☐ Wie viele Stationen hat der Trimmpfad?
- ☐ Wie schnell laufen die beiden?
- ☐ Wie viele m läuft Peter an einem Trainingstag?
- ☐ Wie viele m läuft Peter in einer Woche?

Antwort: ______________________________

____

(4) Für das Bundesliga-Fußballspiel waren im Vorverkauf bereits 42 439 Karten verkauft worden. An der Stadionkasse wurden dann noch 9 857 Karten verkauft. Die Hälfte aller verkauften Karten waren Sitzplätze.

- ☐ Wie viele Personen fasst das Stadion?
- ☐ Wie viel kostet eine Karte?
- ☐ Wie viele Zuschauer sahen das Fußballspiel?
- ☐ Wie viele Stehplätze wurden verkauft?

Antwort: ______________________________

____

① **Sonderangebote**

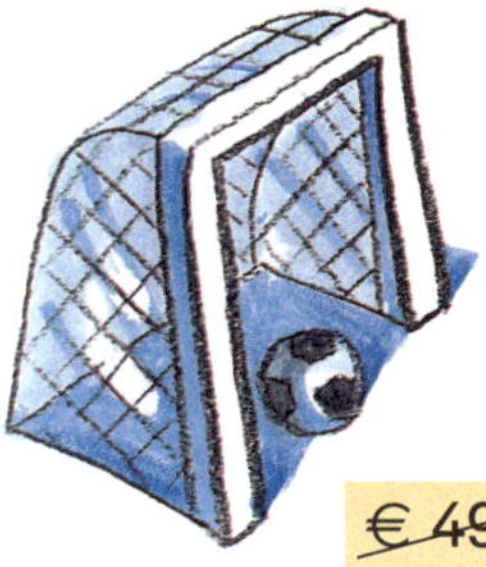

~~€ 49,99~~
€ 39,99

~~€ 95,–~~
€ 89,–

~~€ 24,99~~
€ 17,99

~~€ 34,99~~
€ 24,99

	Gameboy	**Fußballtor**	**Puppe**	**Pferd**
alter Preis				
neuer Preis				
Nachlass				

② Thomas hat sein Taschengeld gespart. Er hat jetzt 132 € im Geldbeutel. Er möchte gerne den Gameboy und das Fußballtor kaufen.

Wie viel kostete beides früher? ______________________

Wie viel kostet es jetzt? ______________________

Wie viel Geld bleibt ihm übrig? ______________________

Wie viel hat er gespart? ______________________

③ Tanja wünscht sich zum Geburtstag die Puppe und das Pferd. Oma hat dafür 60 € zurückgelegt. Weil die Spielsachen jetzt reduziert sind, möchte sie Tanja das gesparte Geld für ihr Sparschwein schenken. Wie viel Geld bekommt Tanja für ihr Sparschwein?

____

4 **Was ist günstiger? Färbe.**

Preise	Einzelstück	Packung	Stück/Packung
Joghurt			
Zitronen			
Schokolade			

5 **Kaufe günstig ein!**

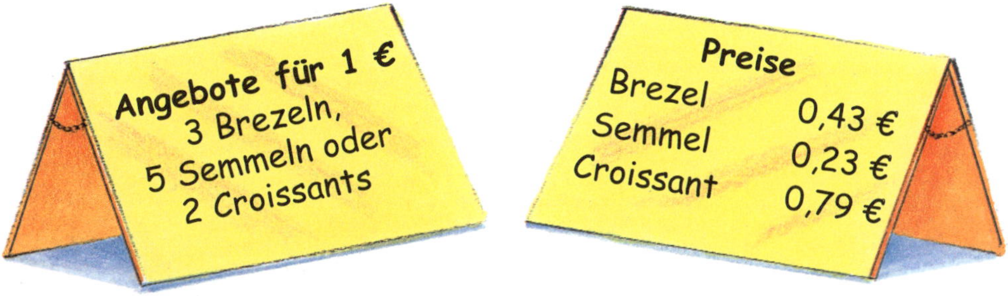

Wie viel kosten …

… 4 Brezeln? ____________________

… 7 Brezeln? ____________________

… 4 Semmeln? ____________________

… 7 Semmeln? ____________________

… 3 Croissants? ____________________

… 4 Croissants? ____________________

1 **Millionenfreunde**

2

700 000 + 20 000 = ______	600 000 − 3 000 = ______
70 000 + 20 000 = ______	600 000 − 30 000 = ______
70 000 + 200 = ______	6 000 − 300 = ______
70 + 200 000 = ______	60 000 − 30 000 = ______
700 + 2 000 = ______	600 − 3 = ______
70 000 + 200 000 = ______	600 000 − 300 = ______
7 000 + 2 000 = ______	60 000 − 3 000 = ______

3

500 000 + 30 000 + 8 000 + 70 + 3 =

400 000 + 600 + 20 000 + 8 + 60 =

90 000 + 300 000 + 6 + 4 000 + 500 =

3 000 + 50 000 + 600 000 + 80 + 700 =

Lösungen Mathe-Stars 4

(zum Heraustrennen die mittlere Klammer lösen)

Bis 1000 und weiter

①

Zahldarstellung	T	H	Z	E	Zahl
	1	1	7	5	1175
	1	3	1	6	1316
	1	5	2	3	1523
	1	6	1	2	1612
	1	7	2	8	1728
	2	0	0	0	2000
	1	0	4	3	1043
	1	3	8	0	1380
	1	4	0	8	1408
	1	0	4	6	1046

②
700 + 200 = 900 | 400 + 300 = 700 | 100 + 600 = 700
1 700 + 200 = 1900 | 1 400 + 300 = 1700 | 1 100 + 600 = 1700
800 – 300 = 500 | 500 – 400 = 100 | 900 – 600 = 300
1 800 – 300 = 1500 | 1 500 – 400 = 1100 | 1 900 – 600 = 1300

③
1 300 + 400 = 1700 | 1 700 + 200 = 1900 | 1 500 + 300 = 1800
1 340 + 400 = 1740 | 1 760 + 200 = 1960 | 1 530 + 300 = 1830
1 340 + 430 = 1770 | 1 760 + 220 = 1980 | 1 530 + 340 = 1870
1 347 + 430 = 1777 | 1 768 + 220 = 1988 | 1 530 + 348 = 1878

1 900 – 500 = 1400 | 1 300 – 200 = 1100
1 970 – 500 = 1470 | 1 380 – 200 = 1180
1 970 – 550 = 1420 | 1 380 – 250 = 1130
1 978 – 550 = 1428 | 1 389 – 250 = 1139

④ **Ordne die Zahlen der Größe nach. Beginne mit der kleinsten Zahl.**

a) 1328, 1823, 1238, 1283, 1832, 1028
b) 980, 1098, 1089, 98, 1890, 1980
c) 2000, 1220, 1020, 1222, 1022, 1202

a) 1028, 1238, 1283, 1328, 1823, 1832
b) 98, 980, 1089, 1098, 1890, 1980
c) 1020, 1022, 1202, 1220, 1222, 2000

⑤ **Setze ein: <, >, =.**

1 632 > 1 623 | 1 300 > 1 100 + 20 | 1 308 < 1 380
1 748 > 1 478 | 1 800 = 1 730 + 70 | 1 798 > 1 098
1 912 < 1 921 | 1 500 = 1 475 + 25 | 1 999 > 1 998
1 047 < 1 074 | 1 912 > 1 800 + 12 | 1 780 > 1 708

⑥
1100, 1200, 1300, 1400, 1500, 1600, 1700, 1800, 1900
1403, 1413, 1423, 1433, 1443, 1453, 1463, 1473, 1483, 1493

⑦
Meine Zahl hat die Ziffern 1, 2, 3 und 4. Sie liegt zwischen 1 200 und 1 300. Wie könnte sie heißen? — 1234, 1243

Meine Zahl liegt genau zwischen 1 800 und 1 900. Wie heißt sie? — 1850

Meine Zahl liegt zwischen 1 500 und 1 600. Sie hat 3 gleiche Ziffern. Wie könnte sie heißen? — 1511, 1555

Im ersten und zweiten Tausender

①
Oben: 110, 220, 430, 670, 980, 1170
Zahlenstrahl: 0, 100, 200, 300, 400, 500, 600, 700, 800, 900, 1000, 1100, 1200, 1300
Unten: 60, 260, 470, 780, 990, 1160

② **Nachbarzahlen**

146	147	148	299	300	301	119	120	121
1146	1147	1148	1299	1300	1301	1119	1120	1121
398	399	400	799	800	801	459	460	461
1398	1399	1400	1799	1800	1801	1459	1460	1461
700	701	702	629	630	631	899	900	901
1700	1701	1702	1629	1630	1631	1899	1900	1901

③ **Rechne zu den Nachbarzehnern.**

124 + 6 = 130 | 799 – 9 = 790
1 124 + 6 = 1 130 | 1 799 – 9 = 1 790
367 + 3 = 370 | 683 – 3 = 680
1 367 + 3 = 1370 | 1 683 – 3 = 1680

④ **Tausenderfreunde**

375 + 625 | 382 + 618 | 749 + 251 | 220 + 780

⑤
Oben: 1350, 1570, 1820, 2020, 2290, 2530
Zahlenstrahl: 1300, 1400, 1500, 1600, 1700, 1800, 1900, 2000, 2100, 2200, 2300, 2400, 2500, 2600
Unten: 1330, 1560, 1770, 1970, 2260, 2430

⑥ **Rechne zu den Nachbarhundertern.**

357 + 43 = 400 | 846 + 54 = 900
357 – 57 = 300 | 846 – 46 = 800
1 357 + 43 = 1400 | 1 846 + 54 = 1900
1 357 – 57 = 1300 | 1 846 – 46 = 1800

⑦ **Rechne zu den Nachbartausendern.**

1 874 + 126 = 2 000 | 1 112 + 888 = 2000
1 874 – 874 = 1 000 | 1 112 – 112 = 1000
1 329 + 671 = 2000 | 1 691 + 309 = 2000
1 329 – 329 = 1000 | 1 691 – 691 = 1000

⑧ **Für Mathe-Super-Stars!**

5 300 + 2700 = 8 000 | 8 999 + 1001 = 10 000
3 250 + 2750 = 6 000 | 1 111 + 1889 = 3 000

⑨ **Zehntausenderfreunde**

3 750 + 6 250 | 4 550 + 5 450 | 2 290 + 7 710 | 8 020 + 1 980

① 798 + 476 = 1274 757 + 595 = 1352

800 + 474 = 1274 752 + 600 = 1352

Rechentrick bei ⊕:
Du musst eine Zahl vergrößern und dann die andere Zahl verkleinern. Nutze die Hunderternähe!

1497 + 138 = 1635
1500 + 135 = 1635

1328 + 298 = 1626
1326 + 300 = 1626

1391 + 364 = 1755
1400 + 355 = 1755

1217 + 694 = 1911
1211 + 700 = 1911

1295 + 325 = 1620
1300 + 320 = 1620

1175 + 492 = 1667
1167 + 500 = 1667

793 + 439 = 1232
800 + 432 = 1232

941 + 597 = 1538
938 + 600 = 1538

1598 + 266 = 1864
1600 + 264 = 1864

883 + 696 = 1579
879 + 700 = 1579

② 831 – 503 = 328 768 – 497 = 271

828 – 500 = 328 771 – 500 = 271

Rechentrick bei ⊖:
Entweder musst du beide Zahlen verkleinern oder beide Zahlen vergrößern!

704 – 245 = 459
700 – 241 = 459

1527 – 298 = 1229
1529 – 300 = 1229

1605 – 428 = 1177
1600 - 423 = 1177

1113 – 795 = 318
1118 - 800 = 318

1272 – 604 = 668
1268 - 600 = 668

976 – 597 = 379
979 - 600 = 379

1827 – 1302 = 525
1825 - 1300 = 525

1347 – 1092 = 255
1355 - 1100 = 255

643 – 408 = 235
635 - 400 = 235

804 – 599 = 205
805 - 600 = 205

① **Löse möglichst alle Aufgaben im Kopf.**

640 + 170 = 810
648 + 170 = 818
648 + 175 = 823
1648 + 175 = 1823

280 + 460 = 740
284 + 460 = 744
284 + 467 = 751
1284 + 467 = 1751

970 – 690 = 280
972 – 690 = 282
972 – 696 = 276
1972 – 696 = 1276

830 – 250 = 580
836 – 250 = 586
836 – 258 = 578
1836 – 258 = 1578

②

+	600	660	667
856	1456	1516	1523
473	1073	1133	1140
1149	1749	1809	1816

–	700	780	785
933	233	153	148
1262	562	482	477
1751	1051	971	966

③ 654 + 398 = 1052
1569 + 225 = 1794
1297 + 648 = 1945
943 – 559 = 384
1317 – 795 = 522
1298 – 156 = 1142

④ **Schau genau – rechne schlau:**

1798 – 475 – 25 = 1298
936 – 683 – 117 = 136
1527 – 468 – 532 = 527
325 + 667 + 233 = 1225
489 + 354 + 511 = 1354
652 + 348 + 813 = 1813

438 – 156 – 238 = 44
1673 – 203 – 573 = 897
1825 – 478 – 225 = 1122
564 + 685 + 236 = 1485
1128 + 452 + 372 = 1952
751 + 269 + 449 = 1469

① **Rechne die Aufgabe und die Umkehraufgabe.**

867 + 536 = 1403 1403 − 536 = 867

345 + 989 = 1334 1334 − 989 = 345

1645 − 968 = 677 677 + 968 = 1645

1827 − 386 = 1441 1441 + 386 = 1827

② **Schreibe untereinander und rechne:**

a) 47 + 589 + 1 206 b) 437 + 869 + 8

c) 65 + 36 + 1 457 d) 1 976 − 1 188

a) 47 + 589 + 1206 = 1842

b) 437 + 869 + 8 = 1314

c) 65 + 36 + 1457 = 1558

d) 1976 − 1188 = 788

③ **Richtig ☑ oder falsch ☒? Berichtige unten.**

634	1 667	784	432
568	− 289	76	568
+ 176		+ 424	+ 328
1 378 ☑	1 368 ☒	1 968 ☒	1 229 ☒

Berichtigung: 1667 − 289 = 1378; 784 + 76 + 424 = 1284; 432 + 568 + 328 = 1328

④ **Welche Ziffern fehlen?**

176 + 236 = 412 882 + 647 = 1529 659 + 487 = 1146 1109 + 515 = 1624

975 − 489 = 486 1624 − 515 = 1109 1916 − 523 = 1393 1032 − 862 = 170

⑤ **Rechne auf deinem Weg:**

913 − 556 − 238 = 119 854 − 138 − 79 = 637

1 276 − 432 − 187 = 657 1 626 − 735 − 274 = 617

⑥ **Schriftlich oder im Kopf?**

1 125 + 477 = 1602 1 336 − 546 = 790

1 638 + 262 = 1900 927 − 398 = 529

Die vierköpfige Familie Schneider macht in den Herbstferien einen Ausflug in die Berge. Für die Busfahrt bezahlt Herr Schneider insgesamt 44,80 €, die Bergbahn kostet für die Erwachsenen je 7 €, die beiden Kinder bezahlen zusammen 9 €. Für Essen und Getränke gibt die Familie insgesamt 19,20 € aus, jedes Kind erhält noch ein T-Shirt zu je 8,90 €.

① **Unterstreiche die Fragen:**

grün, wenn du die Antwort sofort im Text findest,
gelb, wenn du erst rechnen musst,
rot, wenn man die Fragen nicht beantworten kann.

a) Wie viel gibt die Familie insgesamt aus? 104,80 €
b) Wie teuer sind die Getränke? 5,20 €
c) Was kostet die Busfahrt für einen Erwachsenen? 15 €
d) Wie viel Geld bleibt übrig? 45,20 €
e) Wie viel kostet die Bergbahn insgesamt? 23 €
f) Wie viele T-Shirts werden gekauft? 2
g) Wann ist die Familie wieder an der Talstation? 16.50 Uhr
h) Was kostet die Bergbahn für 1 Kind? 4,50 €
i) Wie viele Personen gehören zur Familie Schneider? 4

② **Beantworte nun oben die grünen Fragen.**

③ **Rechne und beantworte dann die gelben Fragen.**

a) 44,80 € + 14,00 € + 9,00 € + 19,20 € + 17,80 € = 104,80 €

e) 14 € + 9 € = 23 €

h) 9 € : 2 = 4,50 €

④ **Welche Angaben brauchst du noch, damit du auch die roten Fragen beantworten kannst? Kreuze an.**

- ☒ Sie steigen um 10.35 Uhr an der Bergstation aus.
- ☒ Sie steigen um 10.15 Uhr in die Bergbahn ein.
- ☐ Von der Bergstation zum Gipfel wandern sie 35 min.
- ☒ Sie fahren um 16.30 Uhr ins Tal zurück.
- ☒ Familie Schneider bestellt 4-mal Erbsensuppe für je 3,50 €.
- ☐ Die Familie macht einen Ausflug zur Alpspitze.
- ☒ Die Busfahrt kostete für 1 Kind 7,40 €.
- ☒ Herr Schneider hatte am Morgen 150 € im Geldbeutel.

⑤ **Rechne und beantworte auch die roten Fragen.**

b) 4 · 3,50 € = 14 €
19,20 − 14 € = 5,20 €

c) 2 · 7,40 € = 14,80 €
44,80 € − 14,80 € = 30 €
30 € : 2 = 15 €

d) 150,00 € − 104,80 € = 45,20 €

g) Fahrzeit: 10.15 Uhr → 10.35 Uhr = 20 min
16.30 Uhr + 20 min → = 16.50 Uhr

Kennst du dich aus?

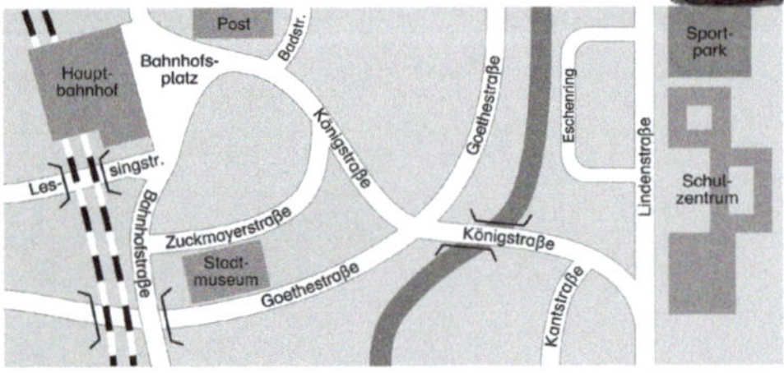

Fülle die Lücken und streiche Falsches weg.

a) An welcher Straße liegt das Schulzentrum? Lindenstraße

b) Welches Gebäude liegt zwischen Zuckmayer- und Goethestraße?

Stadtmuseum

c) Welche beiden Straßen unterqueren die Bahngleise?

Lessingstraße und Goethestraße

d) Wie kommt man von der Kantstraße in die Badstraße?

Man biegt nach ~~rechts~~/links in die Königstraße ein und biegt dann die ~~erste~~/zweite/~~dritte~~ Straße nach rechts ab.

e) Welcher ist der kürzeste Weg vom Schulzentrum zum Bahnhof?

Ich gehe links/~~rechts~~ ein kurzes Stück die Lindenstraße entlang, biege rechts/~~links~~ in die Königstraße ein, die dann zum Bahnhofs-platz führt.

(1) **Aus wie vielen Einzelquadraten bestehen die Flächen?**

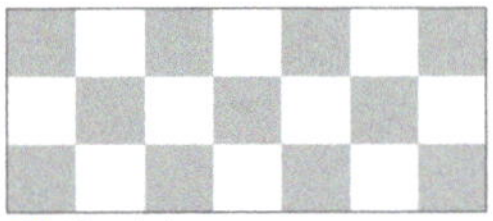

21 Quadrate

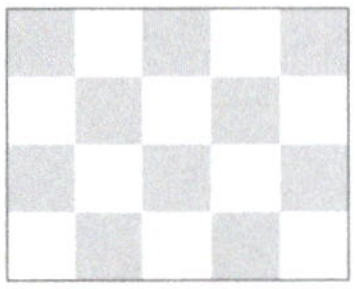

20 Quadrate

(2) **Wie lässt sich die Zahl der Quadrate ebenso genau, aber schneller ermitteln als durch einfaches Zählen? Kreuze an.**

Kontrolliere die Nr. 1!

- ☐ Durch ungefähres Schätzen
- ☒ Quadrate pro Reihe mal Zahl der Reihen
- ☐ Quadrate pro Reihe plus Zahl der Reihen

(3) **Ein Fliesenleger soll diese Fläche auslegen (an einer Ecke hat er schon begonnen). Um die Fläche herum verlegt er ein Band von farbigen Randfliesen.**

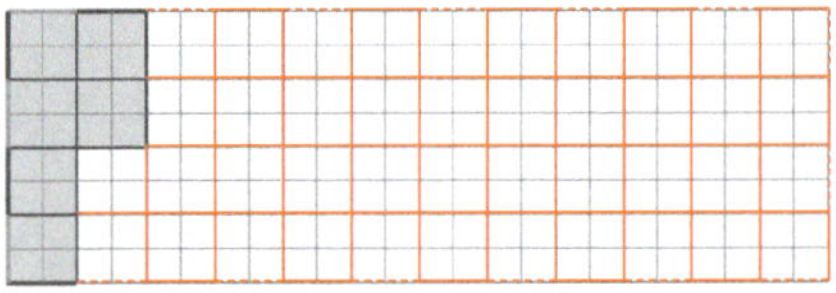

a) Zeichne die Fliesen fertig!

b) Wie viele Bodenfliesen und wie viele bunte Randfliesen sind es insgesamt?

48 Bodenfliesen und 32 Randfliesen.

(1) **Verbinde.**

$\frac{1}{8}$ l	500 ml	1 l	$\frac{3}{4}$ l	$\frac{1}{4}$ l
750 ml	125 ml	$\frac{1}{2}$ l	1 000 ml	250 ml

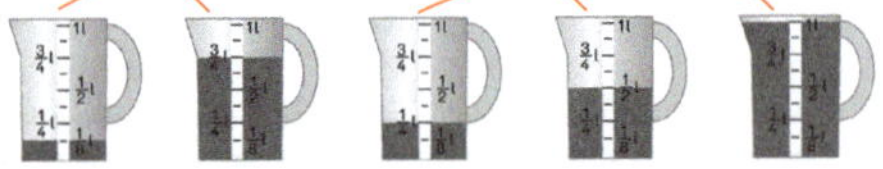

(2)

1 Liter	
500 ml	500 ml
100 ml	900 ml
250 ml	750 ml
570 ml	430 ml
160 ml	840 ml
312 ml	688 ml

(3)

l/ml	mit Komma
1 l 125 ml	1,125 ml
2 l 250 ml	2,250 l
3 l 500 ml	3,5 l
1 l 750 ml	1,750 l
500 ml	0,5 l
700 ml	0,700 l

(4) **Ergänze auf 1 l.**

$\frac{1}{2}$ l + $\frac{1}{2}$ l = 1 l

$\frac{3}{4}$ l + $\frac{1}{4}$ l = 1 l

$\frac{1}{4}$ l + $\frac{3}{4}$ l = 1 l

$\frac{1}{4}$ l + $\frac{1}{4}$ l + $\frac{1}{2}$ l = 1 l

5 Für Mathe-Super-Stars!

$\frac{1}{2}$ l + $\frac{1}{4}$ l + $\frac{1}{4}$ l = 1 l

$\frac{3}{4}$ l + $\frac{1}{8}$ l + $\frac{1}{8}$ l = 1 l

$\frac{1}{4}$ l + $\frac{1}{4}$ l + $\frac{1}{4}$ l + $\frac{1}{8}$ l + $\frac{1}{8}$ l = 1 l

(6) **Verbinde.**

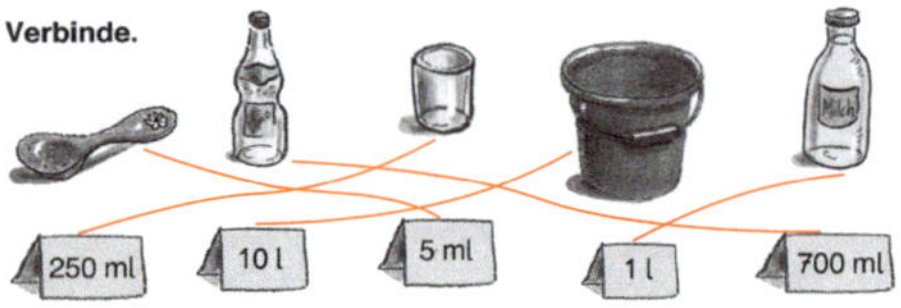

(7) **Jedes Kind soll jeden Tag etwa $1\frac{1}{2}$ l trinken. Die Kinder haben aufgeschrieben, was sie jeden Tag getrunken haben. War es genug?**

1 l	500 ml	100 ml	200 ml	250 ml	zusammen	genug?
		3	4		1 l 100 ml	nein
	2	1	2		1 l 500 ml	ja
1	1		1		1 l 700 ml	ja
	1	2	1	3	1 l 650 ml	ja
	1	1		2	1 l 100 ml	nein

(8) **Vergleiche mit <, >, =.**

0,7 l (<) 750 ml	0,3 l (<) 330ml	0,8 l (>) 80 ml
0,25 l (=) 250ml	$\frac{1}{2}$ l (>) 400ml	1,5 l (>) 1 000 ml
0,1 l (<) 1 l	200 ml (<) $\frac{1}{4}$ l	$\frac{1}{8}$ l (=) 125 ml

Welche Aufgaben kann man nicht lösen? Kreuze sie an ☒. Solche Aufgaben nennt man auch Kapitänsaufgaben. Löse alle anderen Aufgaben.

① ☐ Miriam und Claudia treffen sich um 14.15 Uhr vor dem Theater. Die Schülervorstellung beginnt um 14.30 Uhr und dauert 1 h 45 min. Um wie viel Uhr ist die Vorstellung zu Ende?

14.30 Uhr
+ 1 h 45 min
16.15 Uhr

Antwort:

Sie ist um 16.15 Uhr zu Ende.

② ☐ Andreas, Michael und Simone kaufen ihrer Mutter zum Geburtstag einen Blumenstrauß für 9,50 € und Pralinen zu 5,80 €. Wie viel muss jedes Kind bezahlen?

  9,50 €
+ 5,80 €
 15,30 €

15,30 € : 3 = 5,10 €

Antwort:

Jeder bezahlt 5,10 €.

③ ☒ Thomas ist 37 cm kleiner als sein Vater und 15 cm größer als seine Schwester. Die Mutter ist 8 cm kleiner als der Vater. Wie groß ist Thomas?

Antwort:

Thomas ist ______ cm groß.

④ ☐ Lenas Mutter ist 4-mal so alt wie Lena und 6-mal so alt wie Lenas Bruder Julian. Lenas Vater ist 4 Jahre älter als seine Frau und halb so alt wie die 80-jährige Oma. Wie alt sind Lena, Julian, Mutter und Vater?

80 : 2 = 40
40 − 4 = 36
36 = 4 · 9
36 = 6 · 6

Antwort:

Lena ist 9 Jahre alt,
Julian ist 6 Jahre alt,
die Mutter ist 36 Jahre alt,
der Vater ist 40 Jahre alt.

⑤ ☒ Clara trainiert im Schwimmclub 2-mal pro Woche. Dabei schwimmt sie jeweils 30-mal die Länge des Schwimmbeckens. Wie viele m schwimmt sie in einer Woche?

Antwort:

Sie schwimmt ______ m pro Woche.

⑥ ☒ Sofie kauft sich von ihrem Taschengeld ein Buch für 5,95 € und Kaugummi für 99 ct. Wie viel Geld hat sie noch übrig?

Antwort:

Sie hat noch ______ übrig.

Überlege:
Welche Angaben fehlen bei den Kapitänsaufgaben?

… und ein bisschen darüber hinaus!

①

Zahl	M	HT	ZT	T	H	Z	E	Zerlegung
336118		3	3	6	1	1	8	3 HT 3 ZT 6 T 1 H 1 Z 8 E
912748		9	1	2	7	4	8	9 HT 1 ZT 2 T 7 H 4 Z 8 E
1431420	1	4	3	1	4	2	0	1 M 4 HT 3 ZT 1 T 4 H 2 Z
1082761	1	0	8	2	7	6	1	1 M 8 ZT 2 T 7 H 6 Z 1 E
1304643	1	3	0	4	6	4	3	1 M 3 HT 4 T 6 H 4 Z 3 E
2741038	2	7	4	1	0	3	8	2 M 7 HT 4 ZT 1 T 3 Z 8 E
1053716	1	0	5	3	7	1	6	1 M 5 ZT 3 T 7 H 1 Z 6 E
2300990	2	3	0	0	9	9	0	9 H 2 M 9 Z 3 HT
1097306	1	0	9	7	3	0	6	6 E 7 T 1 M 3 H 9 ZT
2104039	2	1	0	4	0	3	9	2 M 1 HT 4 T 9 E 3 Z

② **Zerlege:**

342198 = 300000 + 40000 + 2000 + 100 + 90 + 8
61719 = 60000 + 1000 + 700 + 10 + 9
1034237 = 1000000 + 30000 + 4000 + 200 + 30 + 7
708976 = 700000 + 8000 + 900 + 70 + 6
1300708 = 1000000 + 300000 + 700 + 8

③ **Wie heißt die Zahl?**

100000 + 90000 + 4000 + 300 + 70 + 4 = 194374
1000000 + 70000 + 600 + 50 + 9 = 1070659
30000 + 400000 + 80 + 7000 + 9 = 437089
7 + 500 + 7000 + 60000 + 300000 = 367507
90 + 400 + 7 + 800000 + 10000 = 810497

④ **Welcher Wurm frisst welchen Apfel? Verbinde.**

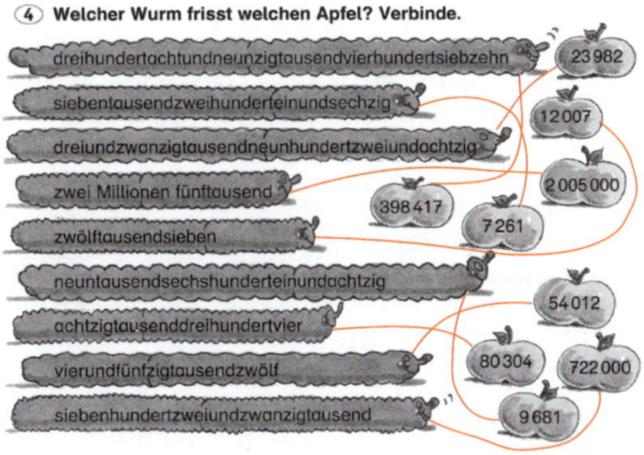

⑤

+	40	300	5000
200430	200470	200730	205430
71246	71286	71546	76246
3519	3559	3819	8519
1612128	1612168	1612428	1617128

⑥

−	30	5000	200
847379	847349	842379	847179
1789547	1789517	1784547	1789347
69896	69866	64896	69696
345236	345206	340236	345036

① 0 10000 20000 30000 40000 50000 60000 70000 80000 90000 100000 110000

a) 9000 b) 16000 c) 24000 d) 33000

e) 48000 f) 67000 g) 83000 h) 98000

②

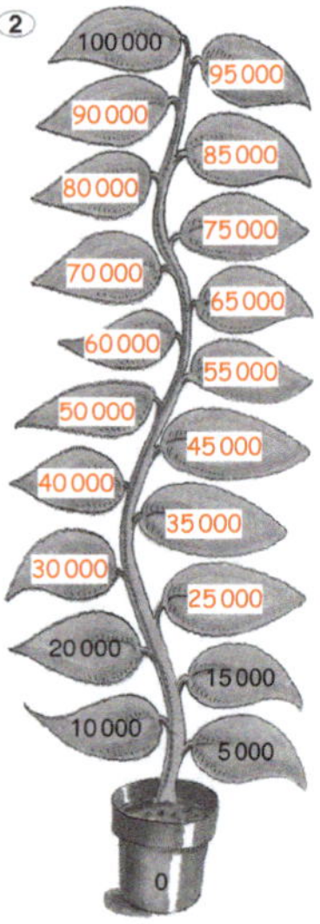

③ **In Zehnerschritten:**

52618	47376	71357
52628	47386	71367
52638	47396	71377
52648	47406	71387
52658	47416	71397

④ **In Hunderterschritten:**

61456	38749	76637
61556	38849	76737
61656	38949	76837
61756	39049	76937
61856	39149	77037
61956	39249	77137

⑤ 0 100000 200000 300000 400000 500000 600000 700000 800000 900000 1000000 1100000

a) 60000 b) 180000 c) 380000 d) 540000

e) 730000 f) 880000 g) 970000 h) 1030000

⑥ **In Hunderterschritten:**

107241	808697	342873
107341	808797	342973
107441	808897	343073
107541	808997	343173
107641	809097	343273

⑦ **In Tausenderschritten:**

212917	698767	349103
213917	699767	350103
214917	700767	351103
215917	701767	352103
216917	702767	353103
217917	703767	354103

⑧

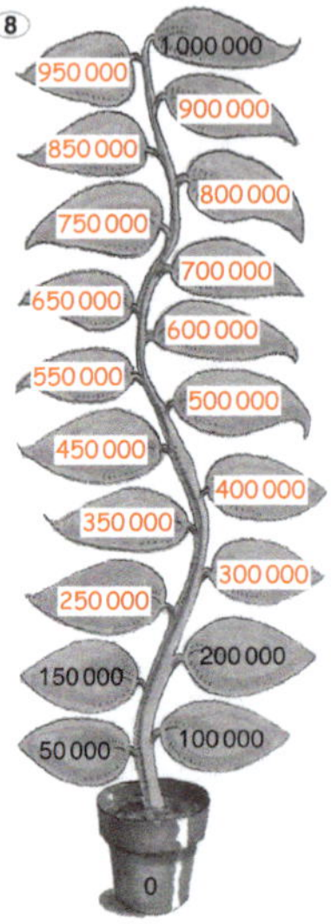

① **Nachbartausender**

367000	367942	368000	299000	299801	300000
621000	621812	622000	400000	400122	401000
740000	740148	741000	299000	299651	300000

② **Nachbarzehntausender**

360000	367942	370000	150000	159617	160000
620000	621812	630000	290000	299801	300000
740000	740148	750000	400000	400122	410000

③ **Nachbarhunderttausender**

300000	367942	400000	100000	159617	200000
600000	621812	700000	200000	299801	300000
700000	740148	800000	400000	400122	500000

④ **Nachbarzahlen**

499999	500000	500001	769898	769899	769900
639999	640000	640001	129998	129999	130000
230198	230199	230200	300029	300030	300031

⑤ Wie heißt die größte gerade 5-stellige Zahl?
99998

Wie heißt die kleinste ungerade 5-stellige Zahl?
10001

Meine Zahl liegt genau in der Mitte von 400000 und 450000.
425000

Meine Zahl ist 6-stellig, gerade und kleiner als 300000. Sie hat lauter gleiche Ziffern.
222222

⑥ **Ordne der Größe nach. Beginne mit der kleinsten Zahl.**

a) 721 | 721000 | 7021 | 701221 | 72121

721, 7021, 72121, 701221, 721000

b) 43729 | 43027 | 43279 | 43792 | 43927

43027, 43279, 43729, 43792, 43927

⑦ **Vergleiche mit <, >, =.**

760240 = 760240 507320 > 507032

443128 < 443218 23618 < 32168

651912 > 615912 777070 > 707070

31748 < 317480 100001 < 101100

⑧ **Setze die Zahlenfolgen fort.**

16325, 16330, 16335, 16340, 16345, 16350

170710, 170820, 170930, 171040, 171150, 171260

8025, 8050, 8075, 8100, 8125, 8150

312798, 312795, 312792, 312789, 312786, 312783

47133, 47122, 47111, 47100, 47089, 47078

⑨ **Male an: > 300000 blau, < 300000 rot.**

600701	300030	300003	1029900
390999	37998	33128	300001
290998	29300	299111	290300

① **Welche beiden Teile ergeben einen Quader? Umkreise mit gleicher Farbe.**

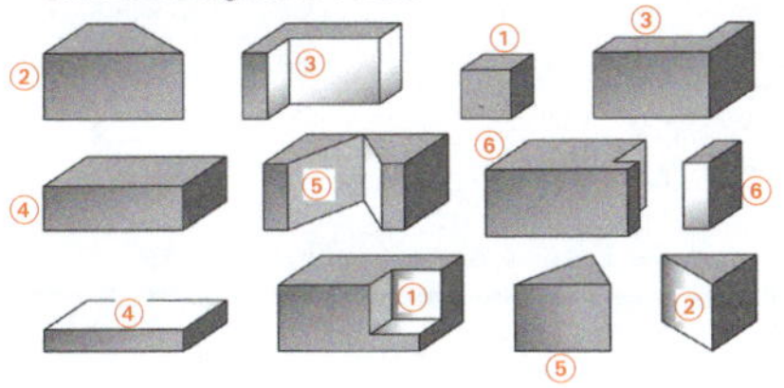

② **Kippe die Streichholzschachtel wie angegeben. Liegt die Schachtel am Ende so ① oder so ② ?**

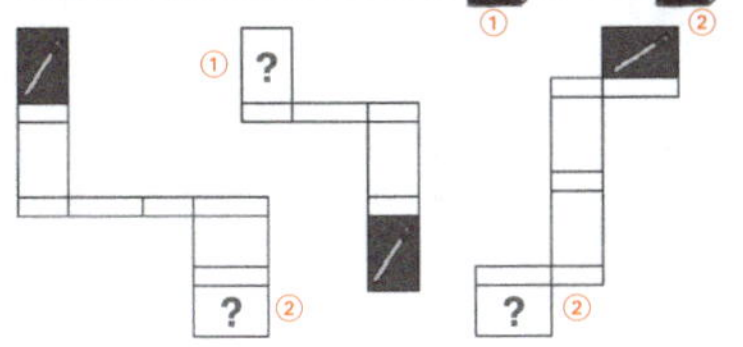

3

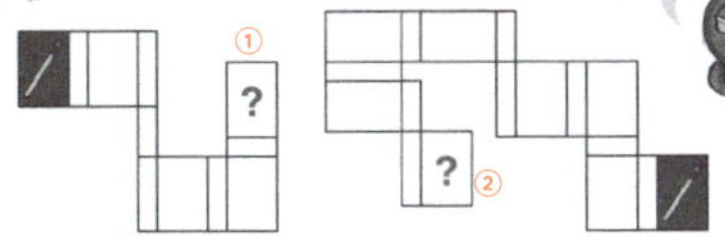

④ **Alles Quadernetze? Streiche die falschen durch!**

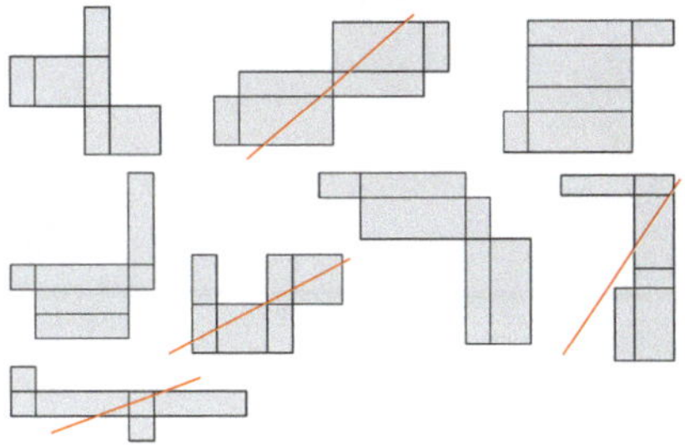

5 **Hier hat jemand Quadernetze kleingeschnitten. Färbe alle Teile gleich, die zum selben Quader gehören!**

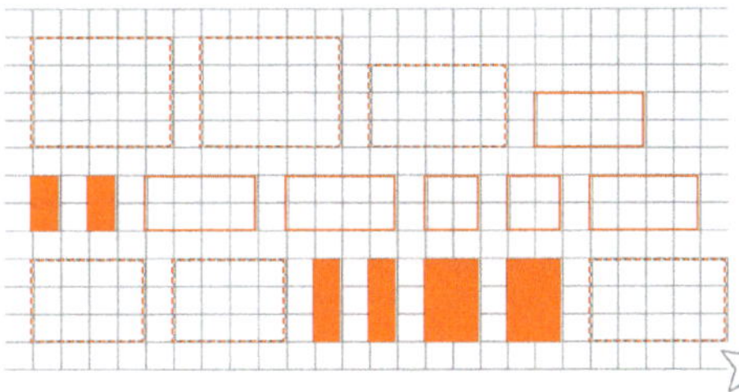

Kreuze nur die passenden Rechenfragen an. Rechne und antworte.

① Katharina wünscht sich zum Geburtstag ein Skateboard für 95 €, Sportschuhe für 59,90 € und einen Helm und Knieschoner für insgesamt 63,50 €. 50 € hat sie bereits gespart, 70 € bekommt sie von ihrer Oma, den Rest bezahlen die Eltern.

☒ Was kostet alles zusammen? ☐ Wie alt ist die Oma?

☐ Was kosten die Knieschoner? ☒ Wie viel bezahlen die Eltern?

95,00 €
59,90 €
+ 63,50 €
1 1
218,40 €

50 € + 70 € = 120 €

218,40 €
- 120,00 €
98,40 €

Antwort: Alles zusammen kostet 218,40 €.

Die Eltern bezahlen 98,40 €.

② Beim Schulfest macht der Elternbeirat einen Gewinn von 1 360 €. Die Hälfte des Geldes wird für die Umgestaltung des Pausenhofes verwendet, die andere Hälfte wird an die 8 Klassen verteilt.

☐ Für wie viel Geld wurden Getränke gekauft?

☒ Wie viel Geld bekommt jede Klasse?

☒ Wie viel Geld wird für den Pausenhof verwendet?

☐ Wie viele Schüler besuchen die Schule?

1360 € : 2 = 680 €

680 € : 8 = 85 €
640 € : 8 = 80 €
40 € : 8 = 5 €

Antwort: Jede Klasse bekommt 85 €. 680 € werden für den Pausenhof verwendet.

③ Peter macht mit seinem Freund 2-mal pro Woche beim Ausdauertraining des Sportvereins mit. Sie laufen den 1 680 m langen Trimmpfad jeweils 3-mal.

☐ Wie viele Stationen hat der Trimmpfad?

☐ Wie schnell laufen die beiden?

☒ Wie viele m läuft Peter an einem Trainingstag?

☒ Wie viele m läuft Peter in einer Woche?

1680 m · 3 = 5040 m
1000 m · 3 = 3000 m
600 m · 3 = 1800 m
80 m · 3 = 240 m

5040 m · 2 = 10080 m
5000 m · 2 = 10000 m
40 m · 2 = 80 m

Antwort: Peter läuft an einem Tag 5 km 40 m.

In einer Woche läuft er 10 km 80 m.

④ Für das Bundesliga-Fußballspiel waren im Vorverkauf bereits 42 439 Karten verkauft worden. An der Stadionkasse wurden dann noch 9 857 Karten verkauft. Die Hälfte aller verkauften Karten waren Sitzplätze.

☐ Wie viele Personen fasst das Stadion?

☐ Wie viel kostet eine Karte?

☒ Wie viele Zuschauer sahen das Fußballspiel?

☒ Wie viele Stehplätze wurden verkauft?

42439
+ 9857
1 1 1
52296

52296 : 2 = 26148

Antwort: 52 296 Zuschauer sahen das Spiel.

26 148 Stehplätze wurden verkauft.

① **Sonderangebote**

	Gameboy	Fußballtor	Puppe	Pferd
alter Preis	95,- €	49,99 €	24,99 €	34,99 €
neuer Preis	89,- €	39,99 €	17,99 €	24,99 €
Nachlass	6,- €	10,- €	7,- €	10,- €

② Thomas hat sein Taschengeld gespart. Er hat jetzt 132 € im Geldbeutel. Er möchte gerne den Gameboy und das Fußballtor kaufen.

Wie viel kostete beides früher? 95 € + 49,99 € = 144,99 €

Wie viel kostet es jetzt? 89 € + 39,99 € = 128,99 €

Wie viel Geld bleibt ihm übrig? 132 € - 128,99 € = 3,01 €

Wie viel hat er gespart? 6 € + 10 € = 16 €

③ Tanja wünscht sich zum Geburtstag die Puppe und das Pferd. Oma hat dafür 60 € zurückgelegt. Weil die Spielsachen jetzt reduziert sind, möchte sie Tanja das gesparte Geld für ihr Sparschwein schenken. Wie viel Geld bekommt Tanja für ihr Sparschwein?

17,99 € + 24,99 € = 42,98 € 60 € - 42,98 € = 17,02 €

④ **Was ist günstiger? Färbe.**

Preise	Einzelstück	Packung	Stück/Packung
Joghurt	0,39 €	(1,16 €)	0,29 €
Zitronen	(32 ct)	99 ct	33 ct
Schokolade	65 ct	(2,95 €)	59 ct

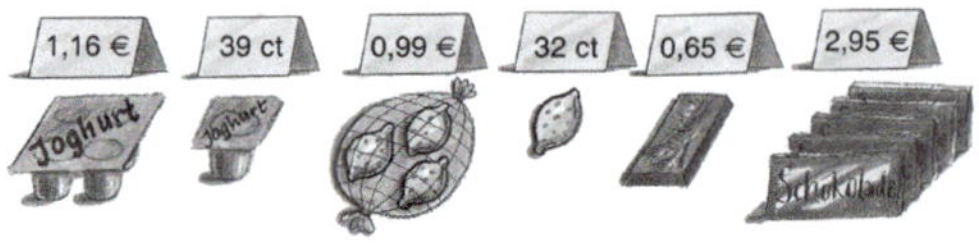

⑤ **Kaufe günstig ein!**

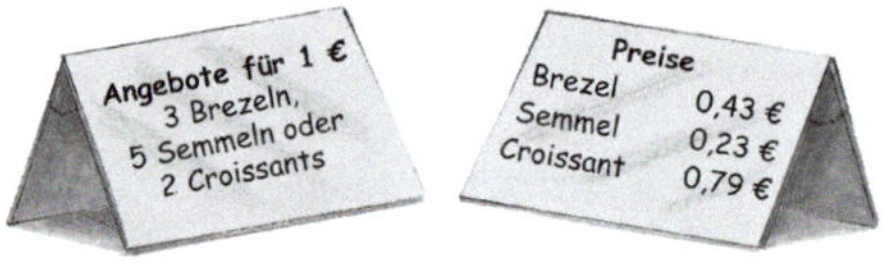

Wie viel kosten …

… 4 Brezeln? 1 € + 0,43 € = 1,43 €

… 7 Brezeln? 2 € + 0,43 € = 2,43 €

… 4 Semmeln? 4 · 0,23 € = 0,92 €

… 7 Semmeln? 1 € + 2 · 0,23 € = 1,46 €

… 3 Croissants? 1 € + 0,79 € = 1,79 €

… 4 Croissants? 2 · 1 € = 2 €

① **Millionenfreunde**

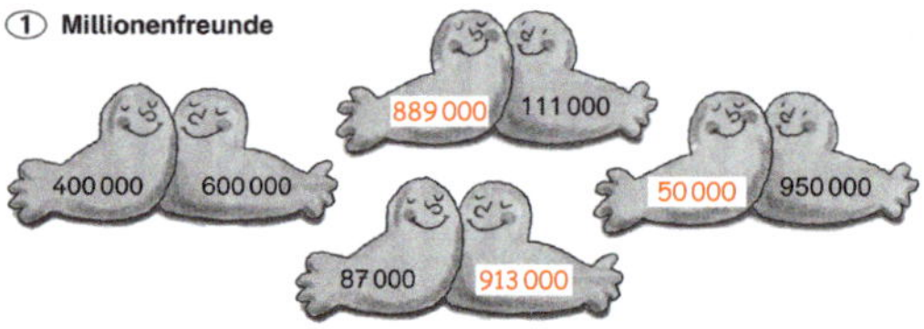

②

700 000 + 20 000 = 720 000	600 000 – 3 000 = 597 000
70 000 + 20 000 = 90 000	600 000 – 30 000 = 570 000
70 000 + 200 = 70 200	6 000 – 300 = 5 700
70 + 200 000 = 200 070	60 000 – 30 000 = 30 000
700 + 2 000 = 2 700	600 – 3 = 597
70 000 + 200 000 = 270 000	600 000 – 300 = 599 700
7 000 + 2 000 = 9 000	60 000 – 3 000 = 57 000

③

500 000 + 30 000 + 8 000 + 70 + 3 = 538 073

400 000 + 600 + 20 000 + 8 + 60 = 420 668

90 000 + 300 000 + 6 + 4 000 + 500 = 394 506

3 000 + 50 000 + 600 000 + 80 + 700 = 653 780

④

⑤ **Hüpf im Päckchen: Rechne mit dem Ergebnis weiter.**

83 200 + 5 000 = 88 200	356 000 + 400 000 = 756 000
47 900 – 700 = 47 200	800 000 – 500 000 = 300 000
77 200 + 6 000 = 83 200	756 000 – 40 000 = 716 000
87 900 – 40 000 = 47 900	360 000 – 4 000 = 356 000
88 200 – 300 = 87 900	300 000 + 60 000 = 360 000
47 200 + 30 000 = 77 200	716 000 + 84 000 = 800 000

⑥ **Rechne dich nach oben.**

64 300 + 32 800 = 97 100	86 700 – 43 500 = 43 200
64 300 + 32 000 = 96 300	86 700 – 43 000 = 43 700
64 000 + 32 000 = 96 000	86 000 – 43 000 = 43 000
64 000 + 30 000 = 94 000	86 000 – 40 000 = 46 000
60 000 + 30 000 = 90 000	80 000 – 40 000 = 40 000

Mit Würfeln bauen

① Aus wie vielen Einzelwürfeln bestehen diese Würfelgebäude?

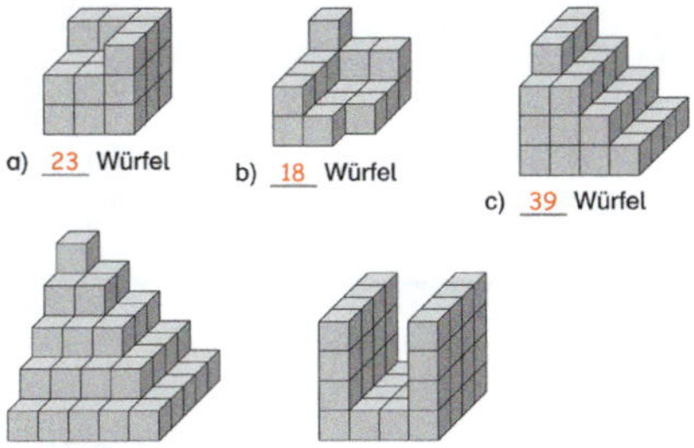

a) 23 Würfel b) 18 Würfel c) 39 Würfel

d) 55 Würfel e) 40 Würfel

② Welcher Bauplan passt zu welchem Würfelgebäude oben? Trage unten die Buchstaben ein.

1	2	3	4	5
2	2	3	4	5
3	3	3	4	5
4	4	4	4	5
5	5	5	5	5

___

5	4	3	2	1
4	4	3	2	1
3	3	3	2	1
2	2	2	2	1
1	1	1	1	1

d

4	1	1	4
4	1	1	4
4	1	1	4
4	1	1	4

e

4	1	1	4
4	1	1	4
4	1	1	4
4	4	4	4

___

4	3	2	1
4	3	2	1
4	3	2	1
3	3	2	1

c

3	2	2
2	1	1
2	1	1
2	1	

b

3	1	1
3	1	1
3	3	3

___

3	3	3
1	2	3
1	1	3

___

3	3	3
2	2	3
2	2	3

a

Tipp: Baue die übrigen Pläne nach!

Der Plan eines Klassenzimmers

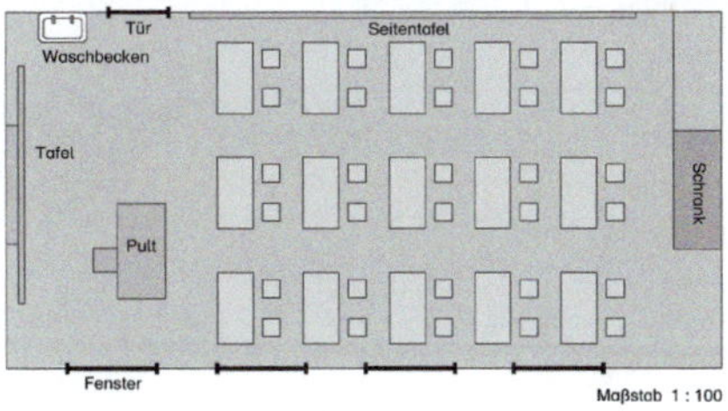

Fülle die Lücken.

Das Klassenzimmer ist in der Zeichnung 12 cm lang und 6 cm breit. Der Maßstab ist 1 : 100, das bedeutet, 1 cm in der Zeichnung entsprechen 100 cm, also 1 m in Wirklichkeit. Das Klassenzimmer ist also in Wirklichkeit 12 m lang und 6 m breit.

Im Klassenzimmer stehen 15 Schülertische, die 1,20 m lang und 0,60 m breit sind. An ihnen stehen 30 Stühle.

Es gibt auch ein 1,60 m langes und 0,80 m breites Pult, eine 4 m breite Schultafel und eine 7,50 m breite Seitentafel.

Es hat 4 Fenster, die jeweils 1,50 m breit sind.

Die Tür hat eine Breite von 1 m.

Von den Schülern aus gesehen befindet sich rechts von der Tafel das Waschbecken.

Schriftlich addieren und subtrahieren bis 1 000 000

① Rechnen mit Riesenzahlen.

	475386
	183596
+	358794
	21121
	1017776

	284635
	633782
+	198546
	21111
	1116963

	521883
	175468
+	432987
	11221
	1130338

②

	5 14
	642537
−	291856
	350681

	6 4
	970654
−	365248
	605406

	6499
	750048
−	562093
	187955

③ Rechne aus.

Schreibe stellengerecht untereinander.

a) 38 + 47654 + 3706 b) 673 + 51807 + 6 + 103784

c) 5174 + 29 + 418453 d) 653408 − 4812

e) 35421 − 874 f) 1356417 − 56892

a)

	38
	47654
+	3706
	11 1
	51398

b)

	673
	51807
	6
+	103784
	212
	156270

c)

	5174
	29
+	418453
	1 11
	423656

d)

	423
	653408
−	4812
	648596

e)

	431
	35421
−	874
	34547

f)

	2453
	1356417
−	56892
	1299525

④ Wo steckt ein Fehler? Kreuze an ☒, verbinde mit der passenden Lupe und rechne richtig.

	356413
+	647509
	1
	993922 ☒

	7 3 6
	84371
−	19745
	64726 ☒

	583756
+	475389
	1 111
	1059145 ☐

	454205
−	187184
	641389 ☒

	275438
+	619753
	11 1
	895191 ☐

	2603
	37145
−	18948
	18197 ☐

	356413
+	647509
	11 1
	1003922

	7 36
	84371
−	19745
	64626

	34 1
	454205
−	187184
	267021

5 Für Mathe-Super-Stars!

Mein Tipp: Erfinde für deine Mitschüler Klecksaufgaben.

	2 69
	356703
−	173549
	183154

	521642
+	398741
	111
	920383

	320
	1654312
−	933725
	720587

Tipp: Solche Schaubilder nennt man „Balkendiagramme". Die Zahlen werden als Balken dargestellt.

Die durchschnittlichen Gewichte großer Tiere in kg:

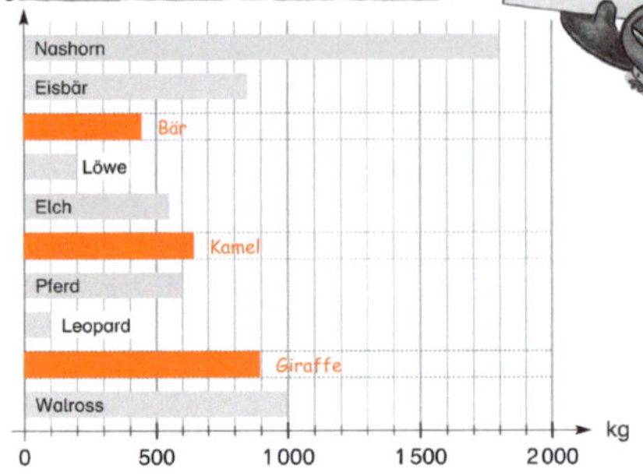

① **Lies die Gewichte der einzelnen Tiere aus dem Schaubild ab und übertrage sie in die Tabelle:**

Nashorn	1800 kg	Leopard	100 kg
Eisbär	850 kg	Pferd	600 kg
Walross	1000 kg	Kamel	650 kg
Löwe	200 kg	Giraffe	900 kg
Elch	550 kg	Bär	450 kg

② **Ergänze das Schaubild mit den noch fehlenden Gewichten.**

③ Welche Tiere wiegen mehr als 800 kg?

Nashorn, Eisbär, Walross, Giraffe

Welche Tiere wiegen weniger als 500 kg?

Löwe, Leopard, Bär

Welche Tiere wiegen mehr als 500 kg, aber weniger als 800 kg?

Elch, Pferd, Kamel

④ **Welche Aussagen stimmen? Kreuze an.**

- [x] Ein Eisbär ist schwerer als ein Elch.
- [ ] Ein Bär ist leichter als ein Löwe.
- [x] Ein Nashorn wiegt so viel wie 2 Giraffen.
- [ ] Zwei Kamele sind genauso schwer wie ein Nashorn.
- [x] Ein Kamel und ein Löwe wiegen zusammen genauso viel wie ein Eisbär.
- [x] Drei Löwen sind leichter als ein Walross.
- [x] 6 Leoparden wiegen so viel wie ein Pferd.

5 **Für Mathe-Super-Stars!**

a) Ein See-Elefant wiegt 3 600 kg. Er ist also genau doppelt so schwer wie ein Nashorn.

b) Ein Afrikanischer Elefant wiegt rund 7 t. Er ist 7 -mal so schwer wie ein Walross.

①

65 · 10 = 650
165 · 10 = 1650
4 165 · 10 = 41650

87 · 100 = 8 700
287 · 100 = 28 700
1 287 · 100 = 128 700

②

5 · 10 = 50
500 · 10 = 5 000
50 000 · 10 = 500 000
50 · 10 = 500
5 000 · 10 = 50 000

8 · 100 = 800
80 · 100 = 8 000
8 000 · 100 = 800 000
80 000 · 100 = 8 000 000
800 · 100 = 80 000

③

30 : 10 = 3
30 000 : 10 = 3 000
3 000 : 10 = 300
300 : 10 = 30
3 000 000 : 10 = 300 000

700 : 100 = 7
7 000 : 100 = 70
700 000 : 100 = 7 000
7 000 000 : 100 = 70 000
70 000 : 100 = 700

④

· 100	
3 700	370 000
6 300	630 000
450	45 000
12 600	1 260 000

: 100	
86 000	860
534 000	5 340
730 000	7 300
3 940 000	39 400

⑤ Addiere zum 100-fachen von 8 den 10. Teil von 7 650.

1565

⑥ Subtrahiere von der Summe aus 87 543 und 46 658 den 100. Teil von 356 000.

130 641

⑦ Wie groß ist der Unterschied zwischen dem 10-fachen von 8 521 und dem 100-fachen von 793?

5 910

⑧ Multipliziere das 10-fache von 642 mit dem 8. Teil von 64.

51 360

Für Mathe-Super-Stars!

9 Wenn ich meine Zahl durch 5 dividiere und dann mit 100 multipliziere, erhalte ich den 10. Teil von 50 000.

250

Nebenrechnungen:

⑤ 800 + 765 = 1565

⑥ 87543 + 46658 = 134201; 134201 − 3560 = 130641

⑦ 85210 − 79300 = 5910

⑧ 6420 · 8 = 51360

⑨ 250 : 5 → 50 · 100 → 5000

① 6 · 3 = 18 | 4 · 6 = 24 | 7 · 9 = 63
6 · 30 = 180 | 60 · 4 = 240 | 70 · 90 = 6300
6 · 300 = 1800 | 4 · 600 = 2400 | 7 · 900 = 6300
60 · 30 = 1800 | 400 · 60 = 24000 | 7 · 90 = 630

② 6 · 230 = 1380
6 · 200 = 1200
6 · 30 = 180

7 · 420 = 2940
7 · 400 = 2800
7 · 20 = 140

③

·	3	6	9	4	8
2	6	12	18	8	16
4	12	24	36	16	32
8	24	48	72	32	64

·	4	8	3	9	7
3	12	24	9	27	21
6	24	48	18	54	42
9	36	72	27	81	63

④ 624 · 2 = 1248
600 · 2 = 1200
20 · 2 = 40
4 · 2 = 8

426 · 4 = 1704
400 · 4 = 1600
20 · 4 = 80
6 · 4 = 24

738 · 4 = 2952
700 · 4 = 2800
30 · 4 = 120
8 · 4 = 32

547 · 8 = 4376
500 · 8 = 4000
40 · 8 = 320
7 · 8 = 56

417 · 3 = 1251
400 · 3 = 1200
10 · 3 = 30
7 · 3 = 21

359 · 6 = 2154
300 · 6 = 1800
50 · 6 = 300
9 · 6 = 54

⑤ 5 · 3 = 15 | 9 · 7 = 63 | 8 · 9 = 72
5 · 30 = 150 | 9 · 70 = 630 | 8 · 90 = 720
5 · 300 = 1500 | 9 · 700 = 6300 | 8 · 900 = 7200
5 · 3000 = 15000 | 9 · 7000 = 63000 | 8 · 9000 = 72000

⑥ 8 · 4300 = 34400
8 · 4000 = 32000
8 · 300 = 2400

6 · 7400 = 44400
6 · 7000 = 42000
6 · 400 = 2400

⑦ 4262 · 5 = 21310
4000 · 5 = 20000
200 · 5 = 1000
60 · 5 = 300
2 · 5 = 10

3426 · 7 = 23982
3000 · 7 = 21000
400 · 7 = 2800
20 · 7 = 140
6 · 7 = 42

4365 · 7 = 30555
4000 · 7 = 28000
300 · 7 = 2100
60 · 7 = 420
5 · 7 = 35

5274 · 6 = 31644
5000 · 6 = 30000
200 · 6 = 1200
70 · 6 = 420
4 · 6 = 24

8 (Stern)
673 · 8 = 5384
600 · 8 = 4800
70 · 8 = 560
3 · 8 = 24

① **Finde alle Malaufgaben.**

20: 20 · 1, 10 · 2, 5 · 4, 4 · 5, 2 · 10, 1 · 20

18: 18 · 1, 9 · 2, 6 · 3, 3 · 6, 2 · 9, 1 · 18

② 342 · 6 = 2052 | 714 · 8 = 5712 | 524 · 3 = 1572 | 676 · 4 = 2704
293 · 5 = 1465 | 337 · 7 = 2359 | 691 · 9 = 6219 | 909 · 8 = 7272
7342 · 5 = 36710 | 5271 · 6 = 31626 | 4867 · 4 = 19468 | 3572 · 3 = 10716
6153 · 8 = 49224 | 4673 · 9 = 42057 | 4593 · 5 = 22965 | 9062 · 7 = 63434

③ **Drei der Aufgaben sind falsch gerechnet.**
Streiche durch und rechne richtig.

356 · 3 = 1068 | ~~742 · 5 = 3610~~ | 472 · 8 = 3776 | 954 · 6 = 5724
777 · 3 = 2331 | ~~933 · 5 = 4655~~ | 807 · 6 = 4842 | ~~814 · 7 = 5688~~

742 · 5 = 3710 | 933 · 5 = 4665 | 814 · 7 = 5698

④ 900 · 8 = 7200 | 400 · 7 = 2800
900 · 80 = 72000 | 400 · 700 = 280000
6000 · 8 = 48000 | 6000 · 7 = 42000
600 · 800 = 480000 | 600 · 70 = 42000

⑤ **Überschlage und rechne.**

Ü: 400 · 40 = 16000
386 · 43
1544
1158
16598

Ü: 600 · 60 = 36000
593 · 57
2965
4151
33801

Ü: 5000 · 30 = 150000
4937 · 34
14811
19748
167858

Ü: 8000 · 30 = 240000
7829 · 32
23487
15658
250528

Ü: 3000 · 90 = 270000
3099 · 92
27891
6198
285108

Ü: 8000 · 80 = 640000
8007 · 83
64056
24021
664581

6 (Stern)
3258 · 37
9774
22806
120546

223 · 59
1115
2007
13157

① **Runde auf Hunderter.**

7349 ≈ 7300 | 81463 ≈ 81500 | 38952 ≈ 39000
54057 ≈ 54100 | 8158 ≈ 8200 | 43005 ≈ 43000

② **Runde auf Tausender.**

23467 ≈ 23000 | 37643 ≈ 38000 | 68503 ≈ 69000
72591 ≈ 73000 | 48540 ≈ 49000 | 98432 ≈ 98000

③ **Runde auf Zehntausender.**

54491 ≈ 50000 | 11688 ≈ 10000 | 74932 ≈ 70000
2048767 ≈ 2050000 | 648907 ≈ 650000 | 105989 ≈ 110000

④ **Welcher Überschlag kommt dem Ergebnis am nächsten? Rahme ihn ein.**

2000 · 50 = 100000
2000 · 40 = 80000

2562 · 43
10248
7686
110166

3000 · 50 = 150000
3000 · 40 = 120000 (eingerahmt)

7000 · 30 = 210000 (eingerahmt)
7000 · 40 = 280000

6243 · 36
18729
37458
224748

6000 · 30 = 180000
6000 · 40 = 240000

4000 · 50 = 200000
4000 · 60 = 240000 (eingerahmt)

4273 · 57
21365
29911
243561

5000 · 50 = 250000
5000 · 60 = 300000

⑤ **Rechne und überprüfe das Ergebnis durch Überschlag.**

3487 · 194
3487
31383
13948
676478
Ü: 3000 · 200 = 600000

4128 · 879
33024
28896
37152
3628512
Ü: 4000 · 900 = 3600000

5346 · 319
16038
5346
48114
1705374
Ü: 5000 · 300 = 1500000

6227 · 409
24908
0000
56043
2546843
Ü: 6000 · 400 = 2400000

7307 · 523
36535
14614
21921
3821561
Ü: 7000 · 500 = 3500000

9389 · 239
18778
28167
84501
2243971
Ü: 9000 · 200 = 1800000

① **Zu jedem Bild gehören 2 Angaben. Verbinde.**

② **Setze ein:**

4 kg | 10 min | 3 m | 0,7 l | 2,10 € | 700 m | 7.30 Uhr | 28 kg

Simone geht in die Schule, sie startet um 7.30 Uhr. Für den Weg braucht sie zwar nur 10 min, aber sie muss im Schreibwarengeschäft an der Ecke noch Tintenpatronen und ein Heft kaufen. Dafür bezahlt sie 2,10 €. Ihr Schulranzen ist heute ziemlich schwer. Er wiegt 4 kg, dabei ist Simone nur 28 kg schwer. Gerade so schafft sie die 700 m bis zur Schule. Heute gehen die Kinder schwimmen. Simone springt vom 3-m-Brett. Nach dem Schwimmen hat sie großen Durst, sie trinkt ihre ganze 0,7-l-Flasche leer.

①

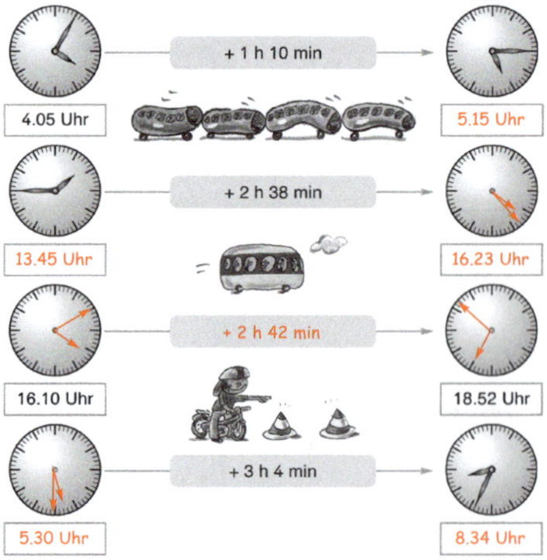

② **Wie lange ist ein ICE von München nach Frankfurt/M. unterwegs?**

Ab	An	Dauer
8:40	12:53	4 h 13 min
9:26	13:08	3 h 42 min
10:55	14:53	3 h 58 min
19:26	23:08	3 h 42 min

(1)

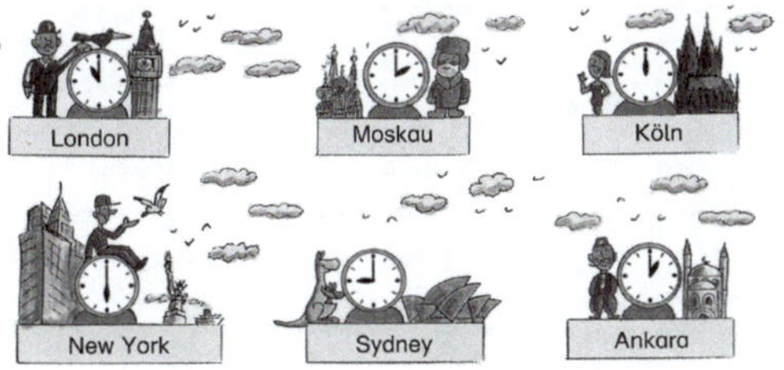

Stadt	Zeitunterschied zur MEZ	Ortszeit		
Köln	0 h	12.00 Uhr	8.00 Uhr	20.00 Uhr
London	– 1 h	11.00 Uhr	7.00 Uhr	19.00 Uhr
Ankara	+ 1 h	13.00 Uhr	9.00 Uhr	21.00 Uhr
Moskau	+ 2 h	14.00 Uhr	10.00 Uhr	22.00 Uhr
New York	– 6 h	6.00 Uhr	2.00 Uhr	14.00 Uhr
Sydney	+ 9 h	21.00 Uhr	17.00 Uhr	5.00 Uhr*

* am nächsten Tag

(2) Jonathan möchte seinem Freund Ben in New York zum Geburtstag gratulieren. Es ist jetzt 11.20 Uhr. Ist es günstig, jetzt anzurufen?

11.20 Uhr —(– 6 h)→ 5.20 Uhr Ben schläft noch.

(3) Nachts um 3 Uhr läutet das Telefon. Tante Hedwig ruft aus Sydney an. Wie spät ist es jetzt bei ihr?

3.00 Uhr —(+ 9 h)→ 12.00 Uhr Es ist 12 Uhr Mittags.

Zeitverschiebung!

(4) **Wie spät ist es bei der Ankunft in Moskau?**

13.50 Uhr Abflug Frankfurt → + 2 h 50 min → 16.40 Uhr Ankunft Moskau (MEZ)
(+ 2 h) ↓
18.40 Uhr Ortszeit Moskau

Wie spät ist es bei der Ankunft in New York?

8.30 Uhr Abflug Frankfurt → + 8 h 10 min → 16.40 Uhr Ankunft New York (MEZ)
(– 6 h) ↓
10.40 Uhr Ortszeit New York

(5) **Für Mathe-Super-Stars! Wie lange dauert der Flug?**

8.24 Uhr Abflug Frankfurt → + 3 h → 11.24 Uhr Ankunft London (MEZ)
(– 1 h) ↓
10.24 Uhr Ortszeit London

Wann wurde abgeflogen?

9.20 Uhr Abflug München → + 2 h → 11.20 Uhr Ankunft Ankara (MEZ)
(+ 1 h) ↓
12.20 Uhr Ortszeit Ankara

Schau genau!

(1) **Welchen Stecker musst du einstecken, damit die Lampe brennt?**

(2) **Setze ⊕, ⊖ und ⊙ so ein, dass die Rechnung stimmt.**

Denke an „Punkt vor Strich"!

1 (+) 2 (+) 3 (+) 4 = 10
1 (+) 2 (+) 3 (–) 4 = 2
1 (+) 2 (–) 3 (+) 4 = 4
1 (·) 2 (+) 3 (–) 4 = 1

4 (+) 3 (+) 2 (+) 1 = 10
4 (+) 3 (–) 2 (+) 1 = 6
4 (·) 3 (+) 2 (+) 1 = 15
4 (·) 3 (·) 2 (·) 1 = 24

(3)

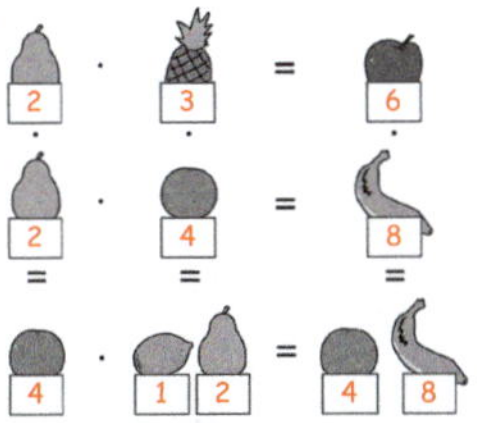

(4) Stefan ist kleiner als seine 3 Schwestern. Helen und Jonas sind Zwillinge und gleich groß. Barbara ist größer als Helen. Jonas ist größer als Katharina. Moritz ist kleiner als Barbara.

Barbara Moritz Helen Jonas Katharina Stefan

(5)

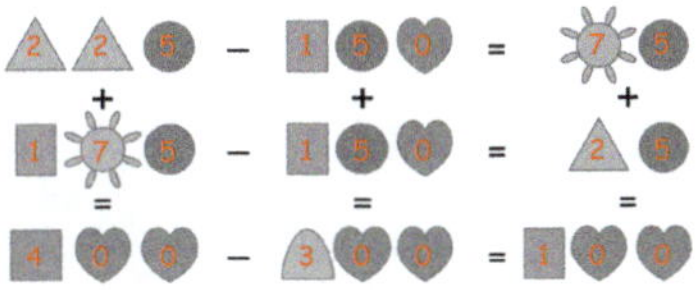

Im „Balkendiagramm" werden die Zahlen als Balken dargestellt.

So weit fliegen Zugvögel (einfache Strecke in km):

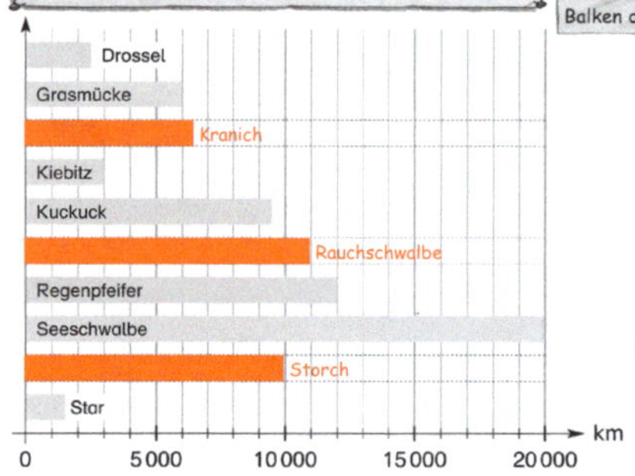

① **Lies die jeweils zurückgelegten Strecken aus dem Schaubild ab und trage ein.**

Drossel	2500 km
Grasmücke	6000 km
Kiebitz	3000 km
Kranich	6500 km
Kuckuck	9500 km

Rauchschwalbe	11000 km
Regenpfeifer	12000 km
Seeschwalbe	20000 km
Star	1500 km
Storch	10000 km

② **Ergänze das Schaubild mit den noch fehlenden Strecken.**

③ **Für Mathe-Super-Stars!**

Die Wachtel fliegt 5000 km, also doppelt so weit wie die Drossel, aber nur halb so weit wie der Storch.

Ergänze den Lückentext.

Ein Ausflug in den Zoo

Claudia steht um 7 Uhr auf. 30 min später geht sie aus dem Haus, damit sie den Bus um 7.40 Uhr erreicht. Die Fahrt dauert 25 min. Die 200 m bis zum Haus ihrer Freundin läuft Claudia sehr schnell, damit sie pünktlich bei Lena ankommt. Lenas Mutter möchte um 8.15 Uhr mit den beiden Mädchen zum Zoo fahren.

Claudia hat einen Rucksack mit der großen 1-l-Trinkflasche und 2 Brötchen dabei. Für den Eintritt und kleine Einkäufe hat ihr die Mutter 10 € mitgegeben. Um 9 Uhr sind sie am Zoo. Der Eintritt kostet für Claudia 3,50 €, Lena und ihre Mutter bezahlen zusammen 9,50 €. Frau Keller gibt der Kassiererin 10 € und erhält 50 ct zurück.

Die beiden Mädchen laufen gleich zu den Elefanten, die gerade gefüttert werden. Sie erfahren, dass jeder Elefant pro Tag 150 kg Pflanzennahrung und 80 l Wasser bekommt. Bei den Pinguinen bleiben Claudia und Lena besonders lange stehen. „Pinguine sind sehr schnelle Schwimmer. In einer Sekunde kommen sie 10 m weit", steht auf einer Tafel. Nach 3 h und 30 min sind die Kinder mit Frau Keller am Ausgang des Zoos angekommen.

Claudia kauft sich am Kiosk noch ein Eis für 1,50 € und eine Eisbär-Karte für 60 ct.

① **Suche alle Teiler.**

20: 1, 2, 4, 5, 10, 20

16: 1, 2, 4, 8, 16

18: 1, 2, 3, 6, 9, 18

②

2384 : 4 = 596
2000 : 4 = 500
360 : 4 = 90
24 : 4 = 6

3534 : 6 = 589
3000 : 6 = 500
480 : 6 = 80
54 : 6 9

2265 : 5 = 453
2000 : 5 = 400
250 : 5 = 50
15 : 5 = 3

1977 : 3 = 659
1800 : 3 = 600
150 : 3 = 50
27 : 3 = 9

2934 : 9 = 326
2700 : 9 = 300
180 : 9 = 20
54 : 9 = 6

5178 : 6 = 863
4800 : 6 = 800
360 : 6 = 60
18 : 6 = 3

3108 : 7 = 444
2800 : 7 = 400
280 : 7 = 40
28 : 7 = 4

2472 : 8 = 309
2400 : 8 = 300
72 : 8 = 9

③ **Für Mathe-Super-Stars!**

3384 : 6 = 564
3000 : 6 = 500
360 : 6 = 60
24 : 6 = 4

Tipp: Überprüfe mit der Umkehraufgabe.

① **Streiche die falschen Bälle durch.**

②

3472 : 4 = 868
32
27
24
32
32
0

Probe: 868 · 4 = 3472

4768 : 8 = 596
40
76
72
48
48
0

Probe: 596 · 8 = 4768

③

2295 : 3 = 765
21
19
18
15
15
0

Probe: 765 · 3 = 2295

4134 : 6 = 689
36
53
48
54
54
0

Probe: 689 · 6 = 4134

④

3294 : 6 = 549
30
29
24
54
54
0

Probe: 549 · 6 = 3294

8676 : 9 = 964
81
57
54
36
36
0

Probe: 964 · 9 = 8676

Tipp: Zwischenkontrolle: Nach jedem Subtrahieren Blick zum Teiler.

① 24 € 80 ct = 24,80 € = 2480 ct

15 € 70 ct = 15,70 € = 1570 ct

345 € 89 ct = 345,89 € = 34589 ct

0 € 93 ct = 0,93 € = 93 ct

Tipp: Kontrolliere mit dem Überschlag.

② **Wandle Euro in Cent um, dann kannst du rechnen.**

84,15 € : 9 = 9,35 €

8415 ct : 9 = 935 ct
81
 31
 27
  45
  45
   0

Überschlag: 81 € : 9 = 9 €

31,95 € : 5 = 6,39 €

3195 ct : 5 = 639 ct
30
 19
 15
  45
  45
   0

Überschlag: 30 € : 5 = 6 €

75,87 € : 9 = 8,43 €

7587 ct : 9 = 843 ct
72
 38
 36
  27
  27
   0

Überschlag: 72 € : 9 = 8 €

21,98 € : 7 = 3,14 €

2198 ct : 7 = 314 ct
21
 09
  7
  28
  28
   0

Überschlag: 21 € : 7 = 3 €

③ 13 m 84 cm = 13,84 m = 1384 cm

23 m 7 cm = 23,07 m = 2307 cm

109 m 9 cm = 109,09 m = 10909 cm

0 m 78 cm = 0,78 m = 78 cm

Tipp: Kontrolliere wieder mit dem Überschlag.

④ **Wandle Meter in Zentimeter um, dann kannst du rechnen.**

37,44 m : 6 = 6,24 m

3744 cm : 6 = 624 cm
36
 14
 12
  24
  24
   0

Überschlag: 36 m : 6 = 6 m

68,16 m : 8 = 8,52 m

6816 cm : 8 = 852 cm
64
 41
 40
  16
  16
   0

Überschlag: 72 m : 8 = 9 m

92,28 m : 4 = 23,07 m

9228 cm : 4 = 2307 cm
8
12
12
 028
  28
   0

Überschlag: 92 m : 4 = 23 m

25,74 m : 6 = 4,29 m

2574 cm : 6 = 429 cm
24
 17
 12
  54
  54
   0

Überschlag: 24 m : 6 = 4 m

Beachte die Tipps und rechne auf einem Extrablatt.

① Die 23 Schüler der Klasse 4a fahren ins Schullandheim. Für Unterkunft und Verpflegung muss jedes Kind 125 € bezahlen, die Busfahrt kostet insgesamt 460 €. Die Klassenlehrerin hat bereits 2030 € erhalten. Wie viele Kinder müssen noch bezahlen?

Auch die Buskosten müssen auf alle Schüler verteilt werden.

Wie viel muss jedes Kind insgesamt bezahlen?

Eine Tabelle hilft.

1 Kind	145 €
2 Kinder	290 €
4 Kinder	580 €
10 Kinder	1450 €
14 Kinder	2030 €

460 € : 23 = 20 € 125 € + 20 € = 145 €

Antwort: 9 Kinder müssen noch bezahlen.

② Andreas macht mit seinen Eltern eine Radtour zum 30 km entfernten Museum. Sie starten um 8.30 Uhr und schaffen 12 km pro Stunde. Von 9.15 Uhr bis 9.30 Uhr machen die drei Pause. Wann kommen sie an?

Auch hier ist eine Tabelle sinnvoll.

1 h → 12 km
2 h → 24 km

Vielleicht hilft auch eine Skizze.

8.30 Uhr
+ $2\frac{1}{2}$ h Fahrzeit
+ 15 min Pause
11.15 Uhr

Antwort: Sie kommen um 11.15 Uhr am Museum an.

3 **Für Mathe-Super-Stars!**

Bei den Bundesjugendspielen gab es an der Nordschule insgesamt 79 Urkunden. Es waren 33 Siegerurkunden mehr als Ehrenurkunden. Wie viele Siegerurkunden, wie viele Ehrenurkunden gab es? 79 - 33 = 46 23 + 33 = 56
46 : 2 = 23

Wenn ich die 33 Siegerurkunden, die es mehr sind, abziehe, dann ...

Antwort: Es gab 56 Siegerurkunden und 23 Ehrenurkunden.

Für Mathe-Super-Stars!

Stefan und Miriam fahren am Samstag mit ihren Eltern zum Einkaufen in die Stadt. Ihr Zug fährt um 11.20 Uhr ab und ist um 12.05 Uhr in der Stadt. Für einen Erwachsenen kostet die einfache Fahrt 3,60 €, Kinder zahlen die Hälfte.
Zuerst geht die Familie Hofer in ein Sportgeschäft. Stefan sucht sich Freizeitschuhe für 58,90 € aus, Miriams Pulli kostet 37,50 €. Herr Hofer findet eine Freizeitjacke für 72,40 €, Frau Hofer gefällt ein T-Shirt für 23,70 €. Herr Hofer bezahlt die 4 Kleidungsstücke mit einem 200-€-Schein. An einem Imbissstand essen die Kinder je eine Currywurst mit Pommes zu 3,50 €, die Eltern je eine Pizza zu 4 €. Die Getränke kosten zusammen 6 €.

a) Wie lange dauert die Bahnfahrt?
11.20 Uhr —(+45 min)→ 12.05 Uhr

Antwort: Die Bahnfahrt dauert 45 min.

b) Wie viel kostet die Bahnfahrt für die ganze Familie hin und zurück?
3,60 € · 3 = 10,80 € 10,80 € · 2 = 21,60 €

Antwort: Hin und zurück kostet die Bahnfahrt 21,60 €.

c) Wie viel kosten die 4 Kleidungsstücke insgesamt?
58,90 € + 37,50 € + 72,40 € + 23,70 € = 192,50 €

Antwort: Sie kosten insgesamt 192,50 €.

d) Wie viel Geld bekommt Herr Hofer im Sportgeschäft zurück?
200,00 € - 192,50 € = 7,50 €

Antwort: Er bekommt 7,50 € zurück.

e) Wie viel Geld hat die Familie an diesem Tag insgesamt ausgegeben?
21,60 € + 192,50 € + 7 € + 8 € + 6 € = 235,10 €

Antwort: Die Familie hat insgesamt 235,10 € ausgegeben.

Schreibe selbst Riesen-Sachaufgaben!

① **Nach welcher Vorschrift wurde verschoben?**

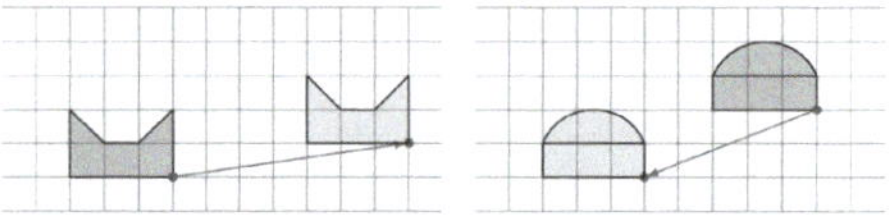

1 Kästchen nach oben und 7 Kästchen nach rechts.

2 Kästchen nach unten und 5 Kästchen nach links.

Hinweis: Es stimmt auch, wenn du 1. und 2. Zeile vertauschst.

② **Verschiebe die Figur.**
Der Pfeil gibt dir Richtung und Entfernung an!

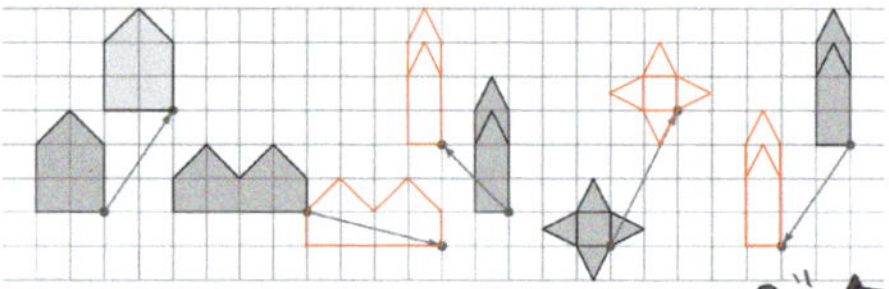

③ **Verschiebe mehrfach!** Für Mathe-Super-Stars!

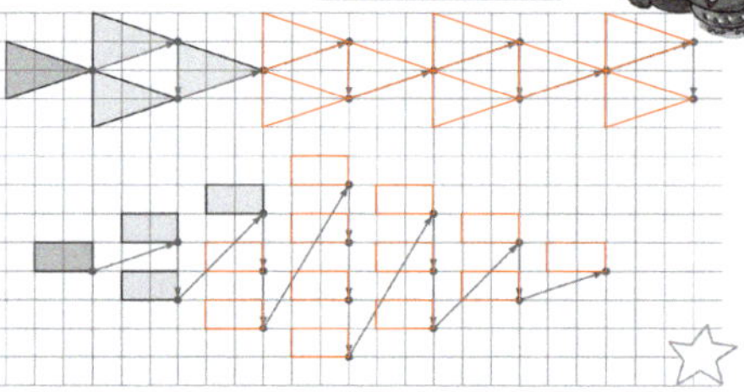

④ **Umfahre alle drehsymmetrischen Figuren mit Farbe!**

⑤ **Drehe die Figur einmal in angegebener Richtung!**

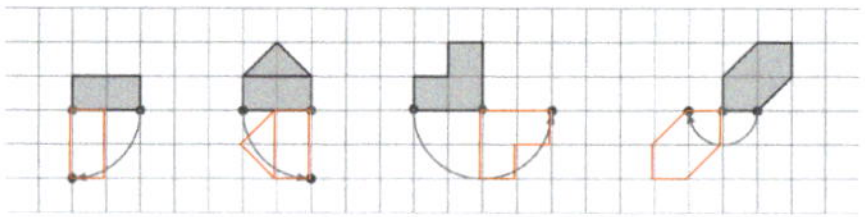

⑥ **Drehe jede Figur dreimal hintereinander eine Vierteldrehung!**

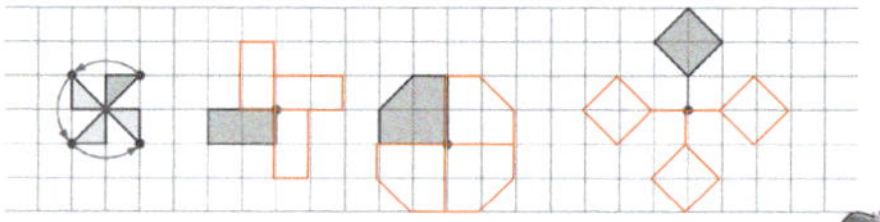

Es kann auch 2 Lösungen geben.

⑦ **Wie können die Figuren entstanden sein? Trage ein:**
A = Achsenspiegelung; D = Drehung; V = Verschiebung.

O	A	D	X	H	4	11
A, D	A	A	A, D	A, D		V

① Ein geometrischer Körper, der keine Ecken und Kanten hat und nur aus einer Fläche besteht, heißt K_{10} u g e l.

② Wenn zwei Linien aufeinander senkrecht stehen, liegt zwischen ihnen ein r e c h_4 t e r Winkel.

③ Ein W ü r f e_5 l ist ein geometrischer Körper, der 6 Quadrate als Netz hat.

④ Zwei Geraden, die sich nie schneiden und überall den gleichen Abstand haben, sind p a r a_2 l l e l.

⑤ Bei Landkarten und Bauplänen verrät er dir die wahre Größe.
M_1 a ß s t_8 a b

⑥ Das Netz dieses Körpers besteht aus einem Rechteck und zwei Kreisen. Z y l i_9 n d e r

⑦ Ein Viereck mit vier gleich langen Seiten und vier rechten Winkeln heißt Q u a d r a t_3.

⑧ Die Entfernung von einem Kreismittelpunkt zur Kreislinie heißt R a_7 d i u s.

⑨ Wenn du die Länge deines Gürtels misst, weißt du deinen Bauch- U m_6 f a n g.

Lösungswort: M_1 a_2 t_3 h_4 e_5 m_6 a_7 t_8 i_9 k_{10}

Das Geheimnis des Sternenhimmels
Auflösung Sternbild: Herkules

4

5 Hüpf im Päckchen: Rechne mit dem Ergebnis weiter.

83 200 + 5 000 = ______	356 000 + 400 000 = ______
47 900 – 700 = ______	800 000 – 500 000 = ______
77 200 + 6 000 = ______	756 000 – 40 000 = ______
87 900 – 40 000 = ______	360 000 – 4 000 = ______
88 200 – 300 = ______	300 000 + 60 000 = ______
47 200 + 30 000 = ______	716 000 + 84 000 = ______

6 Rechne dich nach oben.

64 300 + 32 800 = ______	86 700 – 43 500 = ______
64 300 + 32 000 = ______	86 700 – 43 000 = ______
64 000 + 32 000 = ______	86 000 – 43 000 = ______
64 000 + 30 000 = ______	86 000 – 40 000 = ______
60 000 + 30 000 = 90 000	80 000 – 40 000 = 40 000

1 Aus wie vielen Einzelwürfeln bestehen diese Würfelgebäude?

a) ____ Würfel

b) ____ Würfel

c) ____ Würfel

d) ____ Würfel

e) ____ Würfel

2 Welcher Bauplan passt zu welchem Würfelgebäude oben?
Trage unten die Buchstaben ein.

1	2	3	4	5
2	2	3	4	5
3	3	3	4	5
4	4	4	4	5
5	5	5	5	5

____

5	4	3	2	1
4	4	3	2	1
3	3	3	2	1
2	2	2	2	1
1	1	1	1	1

____

4	1	1	4
4	1	1	4
4	1	1	4
4	1	1	4

____

4	1	1	4
4	1	1	4
4	1	1	4
4	4	4	4

____

4	3	2	1
4	3	2	1
4	3	2	1
3	3	2	1

____

3	2	2
2	1	1
2	1	1
2	1	

____

3	1	1
3	1	1
3	3	3

____

3	3	3
1	2	3
1	1	3

____

3	3	3
2	2	3
2	2	3

____

Tipp:
Baue die übrigen Pläne nach!

Der Plan eines Klassenzimmers

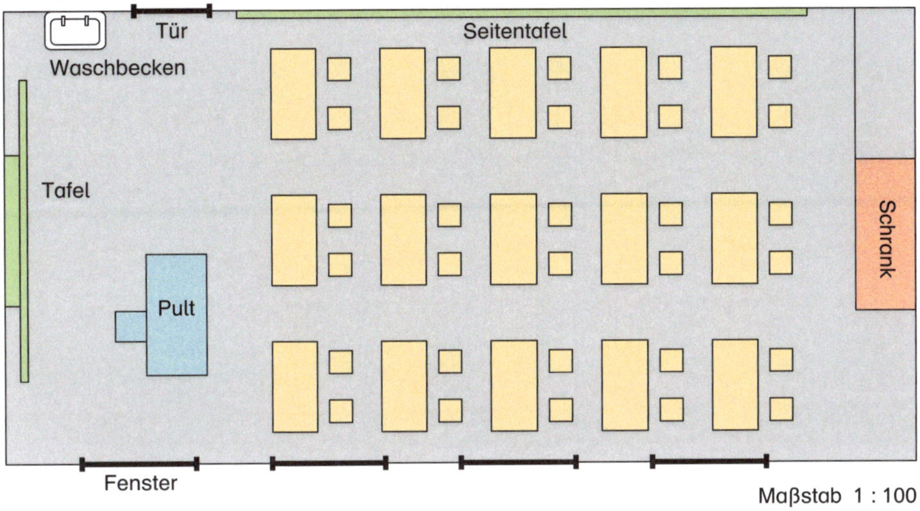

Fülle die Lücken.

Das Klassenzimmer ist in der Zeichnung _____ cm lang und _____ cm breit. Der Maßstab ist __ : _____, das bedeutet, 1 cm in der Zeichnung entsprechen _____ cm, also __ m in Wirklichkeit. Das Klassenzimmer ist also in Wirklichkeit ____ m lang und ____ m breit.

Im Klassenzimmer stehen _____ Schülertische, die _____ m lang und _____ m breit sind. An ihnen stehen _____ Stühle.
Es gibt auch ein _____ m langes und _____ m breites Pult, eine _____ m breite Schultafel und eine _____ m breite Seitentafel.

Es hat _____ Fenster, die jeweils _____ m breit sind.
Die Tür hat eine Breite von _____ m.
Von den Schülern aus gesehen befindet sich __________ von der Tafel das Waschbecken.

Schriftlich addieren und subtrahieren bis 1 000 000

① Rechnen mit Riesenzahlen.

	4	7	5	3	8	6
	1	8	3	5	9	6
+	3	5	8	7	9	4

	2	8	4	6	3	5
	6	3	3	7	8	2
+	1	9	8	5	4	6

	5	2	1	8	8	3
	1	7	5	4	6	8
+	4	3	2	9	8	7

②

	6	4	2	5	3	7
–	2	9	1	8	5	6

	9	7	0	6	5	4
–	3	6	5	2	4	8

	7	5	0	0	4	8
–	5	6	2	0	9	3

③ Rechne aus.

Schreibe stellengerecht untereinander.

a) 38 + 47 654 + 3 706 b) 673 + 51 807 + 6 + 103 784

c) 5 174 + 29 + 418 453 d) 653 408 – 4 812

e) 35 421 – 874 f) 1 356 417 – 56 892

a) b) c)

d) e) f)

(4) Wo steckt ein Fehler? Kreuze an ☒, verbinde mit der passenden Lupe und rechne richtig.

		3	5	6	4	1	3
+		6	4	7	5	0	9
						1	
		9	9	3	9	2	2

☐

	7	3		6	
	~~8~~	~~4~~	3	~~7~~	1
−	1	9	7	4	5
	6	4	7	2	6

☐

		5	8	3	7	5	6
+		4	7	5	3	8	9
		1		1	1	1	
	1	0	5	9	1	4	5

☐

	4	5	4	2	0	5
−	1	8	7	1	8	4
	6	4	1	3	8	9

☐

	2	7	5	4	3	8
+	6	1	9	7	5	3
		1	1		1	
	8	9	5	1	9	1

☐

	2	6	0	3	
	~~3~~	~~7~~	~~1~~	~~4~~	5
−	1	8	9	4	8
	1	8	1	9	7

☐

Mein Tipp: Erfinde für deine Mitschüler Klecksaufgaben.

5 Für Mathe-Super-Stars!

				6		
	■	5	■	~~7~~	0	■
−	1	■	3	■	■	9
	1	8	3	1	5	4

	5	■	1	6	4	■
+	■	9	■	■	■	1
	9	2	0	3	8	3

				3	2	0	
	■	6	■	~~4~~	■	~~1~~	■
−		■	3	■	7	■	5
		7	2	0	5	8	7

Ein Schaubild lesen und ergänzen

Die durchschnittlichen Gewichte großer Tiere in kg:

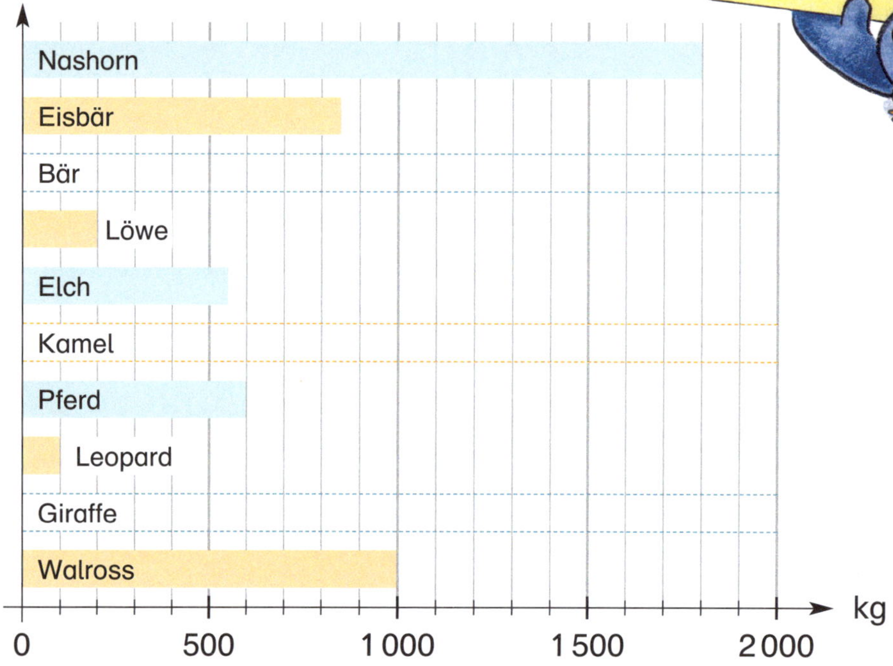

(1) **Lies die Gewichte der einzelnen Tiere aus dem Schaubild ab und übertrage sie in die Tabelle:**

Nashorn	kg	Leopard	kg
Eisbär	kg	Pferd	kg
Walross	kg	Kamel	650 kg
Löwe	kg	Giraffe	900 kg
Elch	kg	Bär	450 kg

(2) **Ergänze das Schaubild mit den noch fehlenden Gewichten.**

③ Welche Tiere wiegen mehr als 800 kg?

____

Welche Tiere wiegen weniger als 500 kg?

____

Welche Tiere wiegen mehr als 500 kg, aber weniger als 800 kg?

____

④ **Welche Aussagen stimmen? Kreuze an.**

- ☐ Ein Eisbär ist schwerer als ein Elch.
- ☐ Ein Bär ist leichter als ein Löwe.
- ☐ Ein Nashorn wiegt so viel wie 2 Giraffen.
- ☐ Zwei Kamele sind genauso schwer wie ein Nashorn.
- ☐ Ein Kamel und ein Löwe wiegen zusammen genauso viel wie ein Eisbär.
- ☐ Drei Löwen sind leichter als ein Walross.
- ☐ 6 Leoparden wiegen so viel wie ein Pferd.

5 Für Mathe-Super-Stars!

a) Ein See-Elefant wiegt 3 600 kg. Er ist also genau doppelt so schwer wie ein ________________.

b) Ein Afrikanischer Elefant wiegt rund 7 t.
Er ist _______-mal so schwer wie ein Walross.

1

65 · 10 =

165 · 10 = ______

4 165 · 10 = ______

87 · 100 =

287 · 100 = ______

1 287 · 100 = ______

2

5 · 10 =

500 · 10 = ______

50 000 · 10 = ______

50 · 10 = ______

5 000 · 10 = ______

8 · 100 =

80 · 100 = ______

8 000 · 100 = ______

80 000 · 100 = ______

800 · 100 = ______

3

30 : 10 =

30 000 : 10 = ______

3 000 : 10 = ______

300 : 10 = ______

3 000 000 : 10 = ______

700 : 100 =

7 000 : 100 = ______

700 000 : 100 = ______

7 000 000 : 100 = ______

70 000 : 100 = ______

4

· 100	
3 700	
	630 000
	45 000
12 600	

: 100	
86 000	
534 000	
	7 300
	39 400

5 Addiere zum 100-fachen von 8 den 10. Teil von 7650.

______

6 Subtrahiere von der Summe aus 87543 und 46658 den 100. Teil von 356000.

______

7 Wie groß ist der Unterschied zwischen dem 10-fachen von 8521 und dem 100-fachen von 793?

______

8 Multipliziere das 10-fache von 642 mit dem 8. Teil von 64.

______

9 Wenn ich meine Zahl durch 5 dividiere und dann mit 100 multipliziere, erhalte ich den 10. Teil von 50000.

______

1

6 · 3 = ______ 4 · 6 = ______ 7 · 9 = ______

6 · 30 = ______ 60 · 4 = ______ 70 · 90 = ______

6 · 300 = ______ 4 · 600 = ______ 7 · 900 = ______

60 · 30 = ______ 400 · 60 = ______ 7 · 90 = ______

2

6 · 230 =

6 · 200 = ______

6 · 30 = ______

7 · 420 =

7 · 400 = ______

7 · 20 = ______

3

·	3	6	9	4	8
2					
4					
8					

·	4	8	3	9	7
3					
6					
9					

4

624 · 2 =
600 · 2 =
20 · 2 =
4 · 2 =

426 · 4 =
· =
· =
· =

738 · 4 =
· =
· =
· =

547 · 8 =
· =
· =
· =

417 · 3 =
· =
· =
· =

359 · 6 =
· =
· =
· =

5

5 · 3 = ____	9 · 7 = ____	8 · 9 = ____
5 · 30 = ____	9 · 70 = ____	8 · 90 = ____
5 · 300 = ____	9 · 700 = ____	8 · 900 = ____
5 · 3000 = ____	9 · 7000 = ____	8 · 9000 = ____

6

8 · 4300 =	**6 · 7400 =**
8 · 4000 = ____	6 · 7000 = ____
8 · 300 = ____	6 · 400 = ____

7

4	2	6	2	·	5	=					
				·		=					
				·		=					
				·		=					
				·		=					

3	4	2	6	·	7	=					
				·		=					
				·		=					
				·		=					
				·		=					

4	3	6	5	·	7	=					
				·		=					
				·		=					
				·		=					
				·		=					

5	2	7	4	·	6	=					
				·		=					
				·		=					
				·		=					
				·		=					

8

□	□	□	·	□	=	□	□	□	4
□	0	0	·	□	=	□	8	□	□
	□	0	·	□	=		5	□	□
		3	·	□	=			□	□

1 **Finde alle Malaufgaben.**

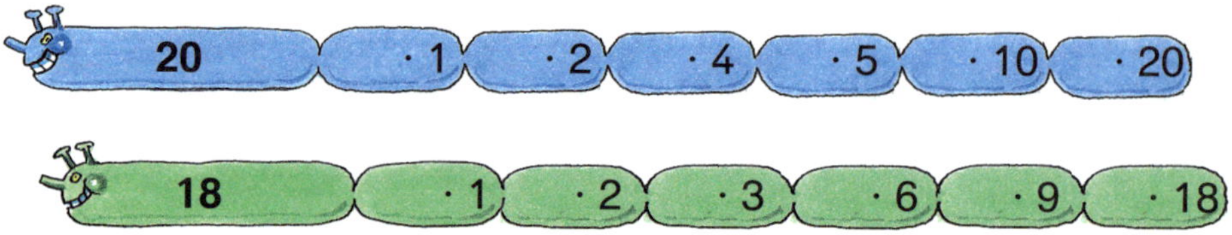

2

$342 \cdot 6$ | $714 \cdot 8$ | $524 \cdot 3$ | $676 \cdot 4$

$293 \cdot 5$ | $337 \cdot 7$ | $691 \cdot 9$ | $909 \cdot 8$

$7342 \cdot 5$ | $5271 \cdot 6$ | $4867 \cdot 4$ | $3572 \cdot 3$

$6153 \cdot 8$ | $4673 \cdot 9$ | $4593 \cdot 5$ | $9062 \cdot 7$

3 **Drei der Aufgaben sind falsch gerechnet.**
Streiche durch und rechne richtig.

$356 \cdot 3$	$742 \cdot 5$	$472 \cdot 8$	$954 \cdot 6$
1068	3610	3776	5724
$777 \cdot 3$	$933 \cdot 5$	$807 \cdot 6$	$814 \cdot 7$
2331	4655	4842	5688

4

900 · 8 = ______ 400 · 7 = ______

900 · 80 = ______ 400 · 700 = ______

6000 · 8 = ______ 6000 · 7 = ______

600 · 800 = ______ 600 · 70 = ______

5 **Überschlage und rechne.**

Ü: 400 · 40 =

3 8 6 · 4 3

Ü: 600 · 60 =

5 9 3 · 5 7

Ü:

4 9 3 7 · 3 4

Ü:

7 8 2 9 · 3 2

Ü:

3 0 9 9 · 9 2

Ü:

8 0 0 7 · 8 3

6

		5		·	3	
			7		4	
		2	2	8		
		2	0	5	4	6

2		3	·	5	
	1	1	1	5	
		2	0		7
			1	5	7

1 Runde auf Hunderter.

7 349 ≈ ______ 81 463 ≈ ______ 38 952 ≈ ______

54 057 ≈ ______ 8 158 ≈ ______ 43 005 ≈ ______

2 Runde auf Tausender.

23 467 ≈ ______ 37 643 ≈ ______ 68 503 ≈ ______

72 591 ≈ ______ 48 540 ≈ ______ 98 432 ≈ ______

3 Runde auf Zehntausender.

54 491 ≈ ______ 11 688 ≈ ______ 74 932 ≈ ______

2 048 767 ≈ ______ 648 907 ≈ ______ 105 989 ≈ ______

4 Welcher Überschlag kommt dem Ergebnis am nächsten? Rahme ihn ein.

2 000 · 50 = 2 562 · 43 3 000 · 50 =

2 000 · 40 = 3 000 · 40 =

7 000 · 30 = 6 243 · 36 6 000 · 30 =

7 000 · 40 = 6 000 · 40 =

4 000 · 50 = 4 273 · 57 5 000 · 50 =

4 000 · 60 = 5 000 · 60 =

5 Rechne und überprüfe das Ergebnis durch Überschlag.

3	4	8	7	·	1	9	4

Ü: ______

4	1	2	8	·	8	7	9

Ü: ______

5	3	4	6	·	3	1	9

Ü: ______

6	2	2	7	·	4	0	9

Ü: ______

7	3	0	7	·	5	2	3

Ü: ______

9	3	8	9	·	2	3	9

Ü: ______

1 Zu jedem Bild gehören 2 Angaben. Verbinde.

1 200 kg

10 kg

1,87 m

10 €

100 kg

10 l

30 000 €

20 cm

2 Setze ein:

4 kg | 10 min | 3 m | 0,7 l | 2,10 € | 700 m | 7.30 Uhr | 28 kg

Simone geht in die Schule, sie startet um ____________. Für den Weg braucht sie zwar nur ____________, aber sie muss im Schreibwarengeschäft an der Ecke noch Tintenpatronen und ein Heft kaufen. Dafür bezahlt sie ____________. Ihr Schulranzen ist heute ziemlich schwer. Er wiegt ____________, dabei ist Simone nur ____________ schwer. Gerade so schafft sie die ____________ bis zur Schule. Heute gehen die Kinder schwimmen. Simone springt vom ____________-Brett. Nach dem Schwimmen hat sie großen Durst, sie trinkt ihre ganze ____________-Flasche leer.

1

 + 1 h 10 min 

4.05 Uhr

 + 2 h 38 min 

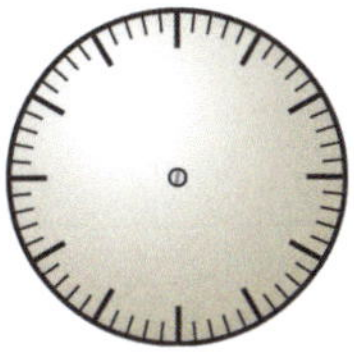 

16.10 Uhr — 18.52 Uhr

 + 3 h 4 min 

2 **Wie lange ist ein ICE von München nach Frankfurt/M. unterwegs?**

Ab	An	Dauer
8:40	12:53	
9:26	13:08	
10:55	14:53	
19:26	23:08	

Eine Zeitreise um die Welt

(1)

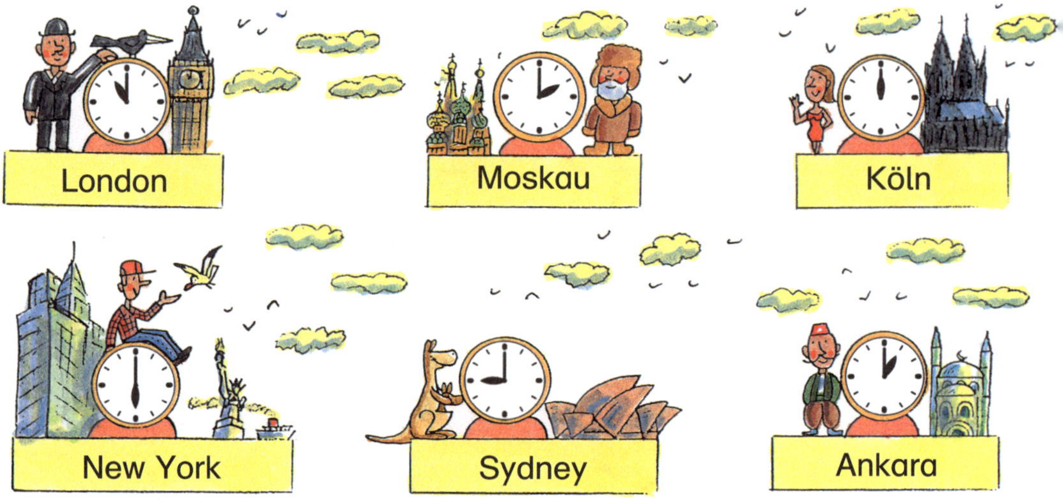

Stadt	Zeitunterschied zur MEZ	Ortszeit		
Köln	0 h	12.00 Uhr	8.00 Uhr	20.00 Uhr
London	– 1 h	11.00 Uhr		
Ankara	+ 1 h			
Moskau	+ 2 h			
New York	– 6 h			
Sydney	+ 9 h			

(2) Jonathan möchte seinem Freund Ben in New York zum Geburtstag gratulieren. Es ist jetzt 11.20 Uhr. Ist es günstig, jetzt anzurufen?

(3) Nachts um 3 Uhr läutet das Telefon. Tante Hedwig ruft aus Sydney an. Wie spät ist es jetzt bei ihr?

4 **Wie spät ist es bei der Ankunft in Moskau?**

13.50 Uhr
Abflug Frankfurt → + 2 h 50 min → ____
Ankunft Moskau (MEZ)
+ 2 h
____
Ortszeit Moskau

Wie spät ist es bei der Ankunft in New York?

8.30 Uhr
Abflug Frankfurt → + 8 h 10 min → ____
Ankunft New York (MEZ)
____
____
Ortszeit New York

5 **Für Mathe-Super-Stars! Wie lange dauert der Flug?**

8.24 Uhr
Abflug Frankfurt → ____ → ____
Ankunft London (MEZ)
____
10.24 Uhr
Ortszeit London

Wann wurde abgeflogen?

____
Abflug München → + 2 h → ____
Ankunft Ankara (MEZ)
____
12.20 Uhr
Ortszeit Ankara

① Welchen Stecker musst du einstecken, damit die Lampe brennt?

② Setze ⊕, ⊖ und ⊙ so ein, dass die Rechnung stimmt.

1 ◯ 2 ◯ 3 ◯ 4 = 10	4 ◯ 3 ◯ 2 ◯ 1 = 10
1 ◯ 2 ◯ 3 ◯ 4 = 2	4 ◯ 3 ◯ 2 ◯ 1 = 6
1 ◯ 2 ◯ 3 ◯ 4 = 4	4 ◯ 3 ◯ 2 ◯ 1 = 15
1 ◯ 2 ◯ 3 ◯ 4 = 1	4 ◯ 3 ◯ 2 ◯ 1 = 24

3

4 Stefan ist kleiner als seine 3 Schwestern. Helen und Jonas sind Zwillinge und gleich groß. Barbara ist größer als Helen. Jonas ist größer als Katharina. Moritz ist kleiner als Barbara.

5

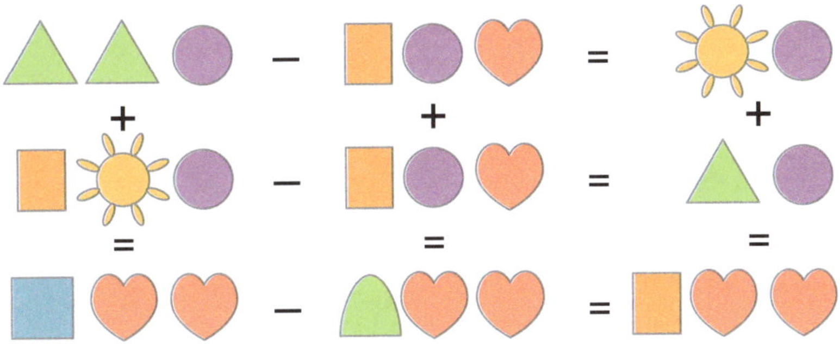

Noch ein Schaubild lesen und ergänzen

Im „Balken-diagramm“ werden die Zahlen als Balken dargestellt.

So weit fliegen Zugvögel (einfache Strecke in km):

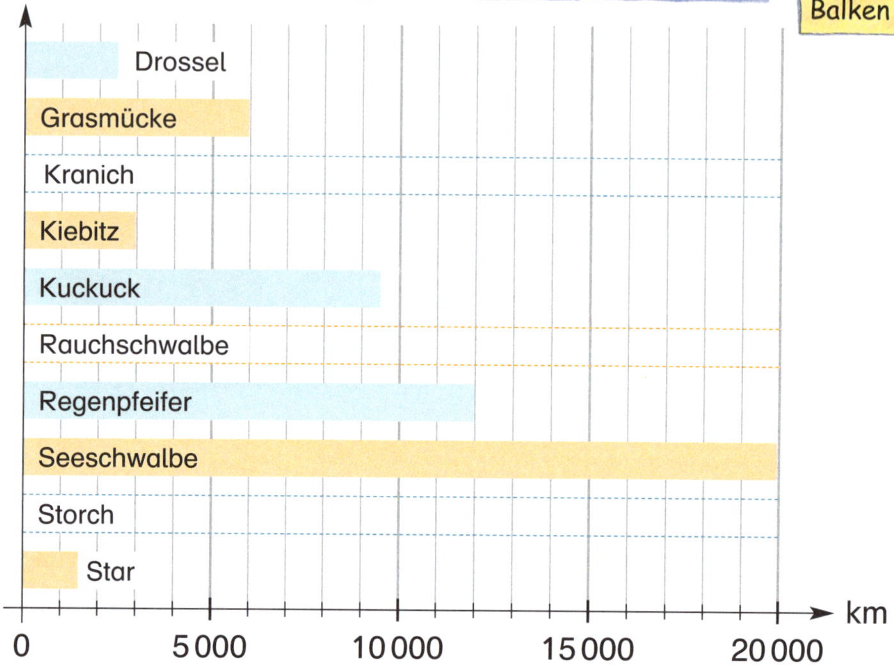

1 **Lies die jeweils zurückgelegten Strecken aus dem Schaubild ab und trage ein.**

Drossel	km
Grasmücke	km
Kiebitz	km
Kranich	6 500 km
Kuckuck	km

Rauchschwalbe	11 000 km
Regenpfeifer	km
Seeschwalbe	km
Star	km
Storch	10 000 km

2 **Ergänze das Schaubild mit den noch fehlenden Strecken.**

3 **Für Mathe-Super-Stars!**

Die Wachtel fliegt 5 000 km, also doppelt so weit wie

_______________, aber nur halb so weit wie _______________.

Ergänze den Lückentext.

Ein Ausflug in den Zoo

Claudia steht um 7 ______ auf. 30 ______ später geht sie aus dem Haus, damit sie den Bus um 7.40 ______ erreicht. Die Fahrt dauert 25 ______. Die 200 ______ bis zum Haus ihrer Freundin läuft Claudia sehr schnell, damit sie pünktlich bei Lena ankommt. Lenas Mutter möchte um 8.15 ______ mit den beiden Mädchen zum Zoo fahren.

Claudia hat einen Rucksack mit der großen 1-______-Trinkflasche und 2 Brötchen dabei. Für den Eintritt und kleine Einkäufe hat ihr die Mutter 10 ______ mitgegeben. Um 9 ______ sind sie am Zoo. Der Eintritt kostet für Claudia 3,50 ______, Lena und ihre Mutter bezahlen zusammen 9,50 ______. Frau Keller gibt der Kassiererin 10 ______ und erhält 50 ______ zurück.

Die beiden Mädchen laufen gleich zu den Elefanten, die gerade gefüttert werden. Sie erfahren, dass jeder Elefant pro Tag 150 ______ Pflanzennahrung und 80 ______ Wasser bekommt. Bei den Pinguinen bleiben Claudia und Lena besonders lange stehen. „Pinguine sind sehr schnelle Schwimmer. In einer Sekunde kommen sie 10 ______ weit“, steht auf einer Tafel. Nach 3 ______ und 30 ______ sind die Kinder mit Frau Keller am Ausgang des Zoos angekommen.

Claudia kauft sich am Kiosk noch ein Eis für 1,50 ______ und eine Eisbär-Karte für 60 ______.

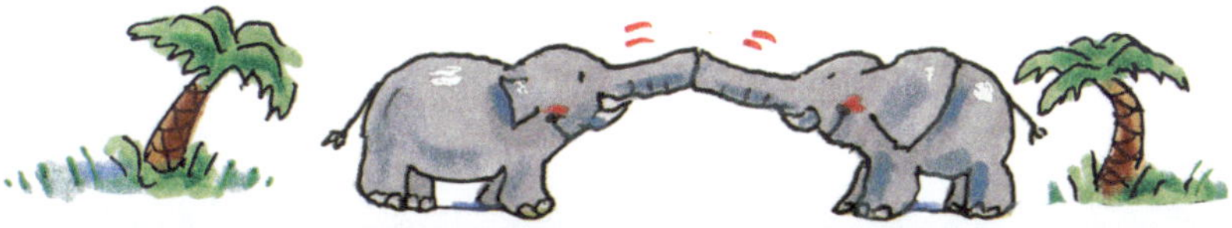

1 **Suche alle Teiler.**

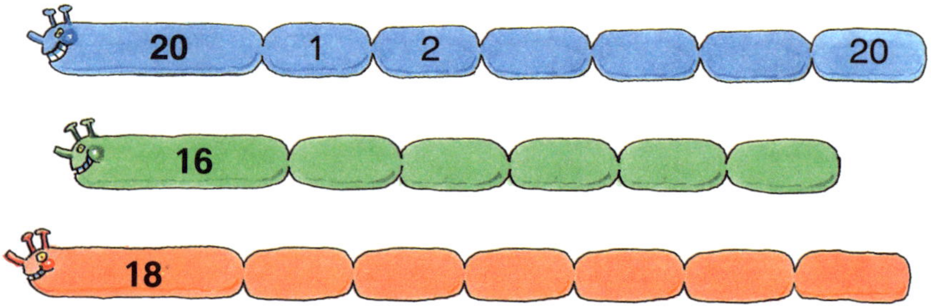

2

2384 : 4 =
2000 : 4 =
360 : 4 =
24 : 4 =

3534 : 6 =

2265 : 5 =

1977 : 3 =

2934 : 9 =

5178 : 6 =

3108 : 7 =

2472 : 8 =

3 **Für Mathe-Super-Stars!**

	3	8	4	:		=		6	
3		0	0	:		=	5	0	0
				:		=			0
			4	:		=			

1 **Streiche die falschen Bälle durch.**

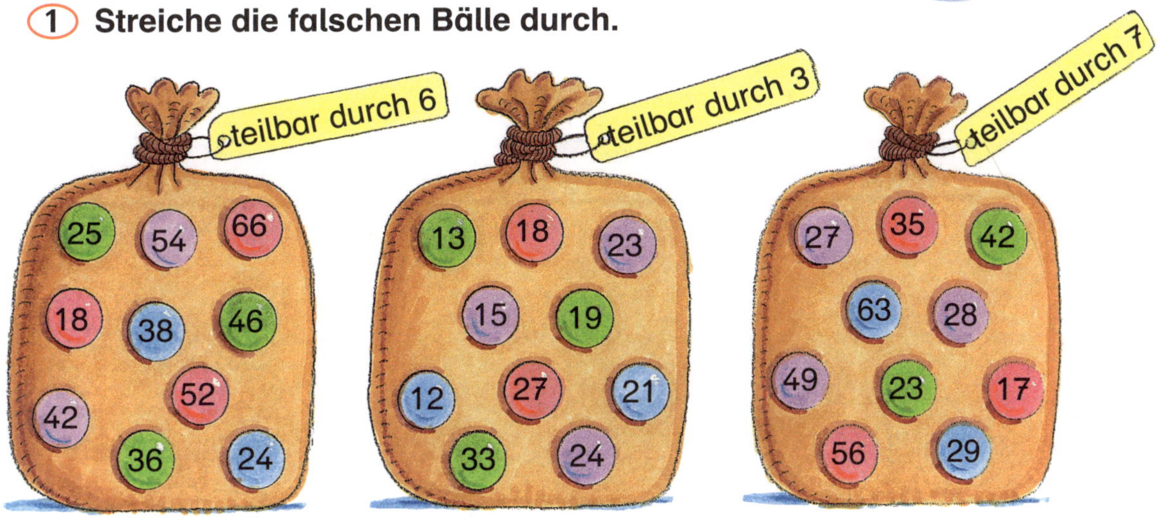

2 3 4 7 2 : 4 =

Probe:

· 4

4 7 6 8 : 8 =

Probe:

· 8

3 2 2 9 5 : 3 =

Probe:

·

4 1 3 4 : 6 =

Probe:

·

4 3 2 9 4 : 6 =

Probe:

·

8 6 7 6 : 9 =

Probe:

·

Tipp: Zwischenkontrolle:
Nach jedem Subtrahieren
Blick zum Teiler.

(1) ____ € ___ ct = 24,80 € = ______ ct

____ € ___ ct = ______ € = 1570 ct

345 € 89 ct = ______ € = ______ ct

0 € 93 ct = ______ € = ______ ct

(2) **Wandle Euro in Cent um, dann kannst du rechnen.**

84,15 € : 9 = ______ €

8415 ct : 9 = ______ ct

Überschlag:

31,95 € : 5 = ______ €

Überschlag:

75,87 € : 9 = ______ €

Überschlag:

21,98 € : 7 = ______ €

Überschlag:

③ ___ m ___ cm = 13,84 m = ______ cm

___ m ___ cm = ______ m = 2307 cm

109 m 9 cm = ______ m = ______ cm

___ m ___ cm = 0,78 m = ______ cm

Tipp:
Kontrolliere wieder
mit dem Überschlag.

④ **Wandle Meter in Zentimeter um, dann kannst du rechnen.**

37,44 m : 6 = ______ m

3744 cm : 6 = ______ cm

Überschlag:

68,16 m : 8 = ______ m

Überschlag:

92,28 m : 4 = ______ m

Überschlag:

25,74 m : 6 = ______ m

Überschlag:

Beachte die Tipps und rechne auf einem Extrablatt.

(1) Die 23 Schüler der Klasse 4a fahren ins Schullandheim. Für Unterkunft und Verpflegung muss jedes Kind 125 € bezahlen, die Busfahrt kostet insgesamt 460 €. Die Klassenlehrerin hat bereits 2 030 € erhalten. Wie viele Kinder müssen noch bezahlen?

Auch die Buskosten müssen auf alle Schüler verteilt werden.

Wie viel muss jedes Kind insgesamt bezahlen?

Eine Tabelle hilft.

1 Kind	____ €
2 Kinder	____ €
4 Kinder	____ €
10 Kinder	____ €
________	____

Antwort: ____ Kinder müssen noch bezahlen.

(2) Andreas macht mit seinen Eltern eine Radtour zum 30 km entfernten Museum. Sie starten um 8.30 Uhr und schaffen 12 km pro Stunde. Von 9.15 Uhr bis 9.30 Uhr machen die drei Pause. Wann kommen sie an?

Auch hier ist eine Tabelle sinnvoll.

1 h →	12 km
2 h →	24 km

Vielleicht hilft auch eine Skizze.

8.30 Uhr
+ ______ Fahrzeit
+ ______ Pause
______ Uhr

Antwort: Sie kommen um ______ Uhr am Museum an.

3 Für Mathe-Super-Stars!

Bei den Bundesjugendspielen gab es an der Nordschule insgesamt 79 Urkunden. Es waren 33 Siegerurkunden mehr als Ehrenurkunden. Wie viele Siegerurkunden, wie viele Ehrenurkunden gab es?

Wenn ich die 33 Siegerurkunden, die es mehr sind, abziehe, dann ...

Antwort: Es gab ____ Siegerurkunden und ____ Ehrenurkunden.

Für Mathe-Super-Stars!

Stefan und Miriam fahren am Samstag mit ihren Eltern zum Einkaufen in die Stadt. Ihr Zug fährt um 11.20 Uhr ab und ist um 12.05 Uhr in der Stadt. Für einen Erwachsenen kostet die einfache Fahrt 3,60 €, Kinder zahlen die Hälfte.
Zuerst geht die Familie Hofer in ein Sportgeschäft. Stefan sucht sich Freizeitschuhe für 58,90 € aus, Miriams Pulli kostet 37,50 €. Herr Hofer findet eine Freizeitjacke für 72,40 €, Frau Hofer gefällt ein T-Shirt für 23,70 €. Herr Hofer bezahlt die 4 Kleidungsstücke mit einem 200-€-Schein. An einem Imbissstand essen die Kinder je eine Currywurst mit Pommes zu 3,50 €, die Eltern je eine Pizza zu 4 €. Die Getränke kosten zusammen 6 €.

a) Wie lange dauert die Bahnfahrt?

____

Antwort: Die Bahnfahrt dauert __________.

b) Wie viel kostet die Bahnfahrt für die ganze Familie hin und zurück?

____

Antwort: Hin und zurück kostet die Bahnfahrt __________.

c) Wie viel kosten die 4 Kleidungsstücke insgesamt?

____

Antwort: Sie kosten insgesamt __________.

d) Wie viel Geld bekommt Herr Hofer im Sportgeschäft zurück?

____

Antwort: Er bekommt __________ zurück.

e) Wie viel Geld hat die Familie an diesem Tag insgesamt ausgegeben?

____

Antwort: Die Familie hat insgesamt __________ ausgegeben.

1 Nach welcher Vorschrift wurde verschoben?

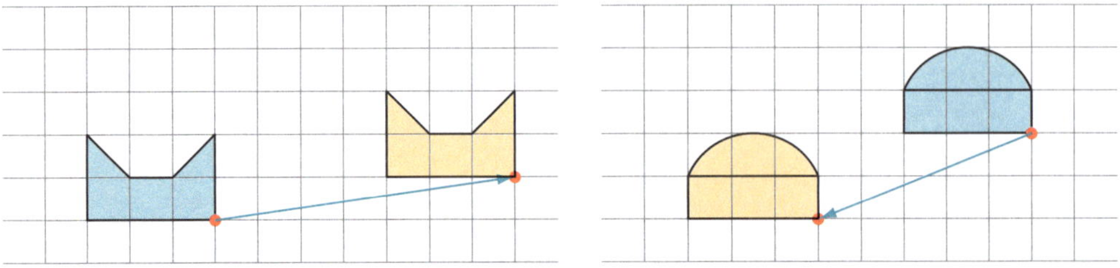

__ Kästchen nach ______ und
__ Kästchen nach ______.

__ Kästchen nach ______ und
__ Kästchen nach ______.

2 Verschiebe die Figur.
Der Pfeil gibt dir Richtung und Entfernung an!

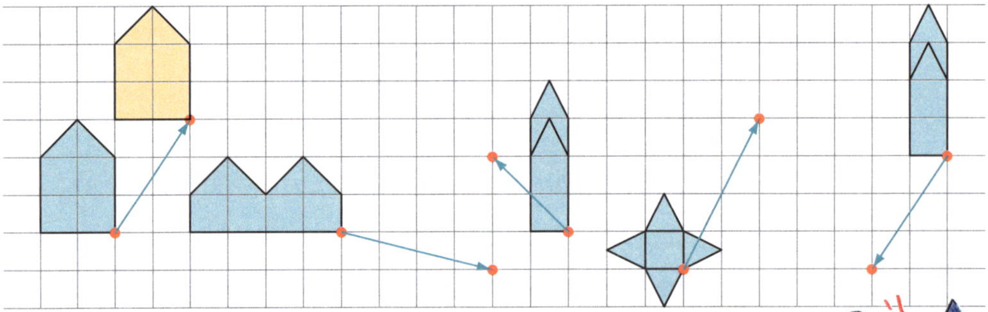

3 Verschiebe mehrfach!

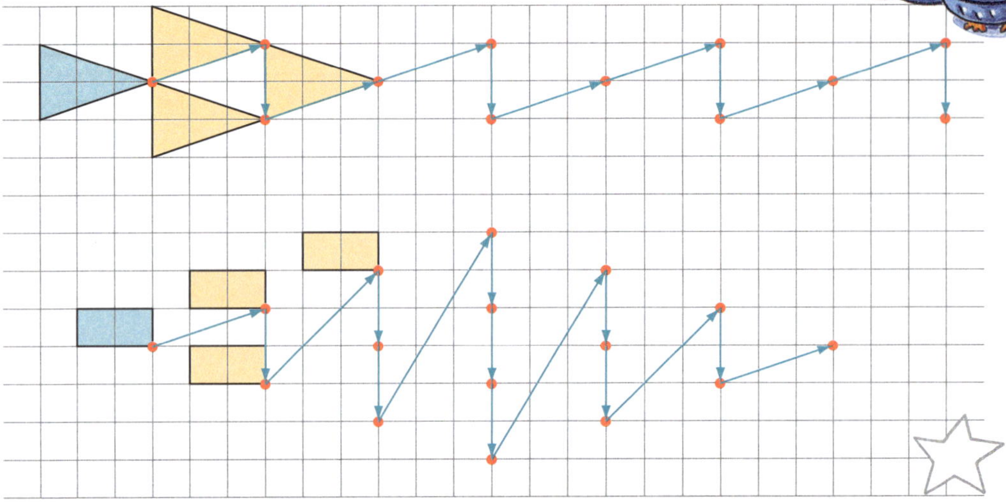

④ **Umfahre alle drehsymmetrischen Figuren mit Farbe!**

⑤ **Drehe die Figur einmal in angegebener Richtung!**

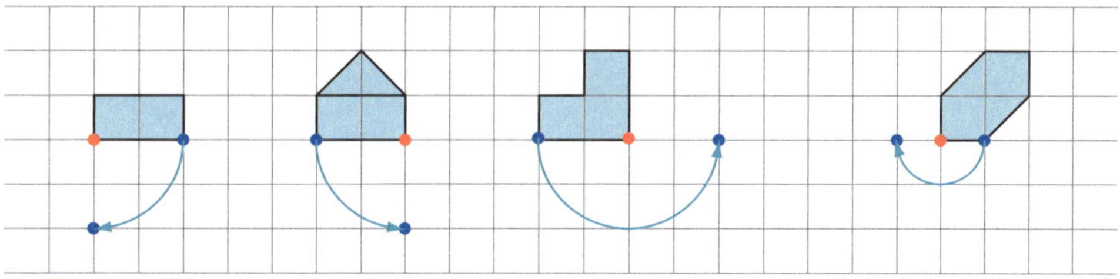

⑥ **Drehe jede Figur dreimal hintereinander eine Vierteldrehung!**

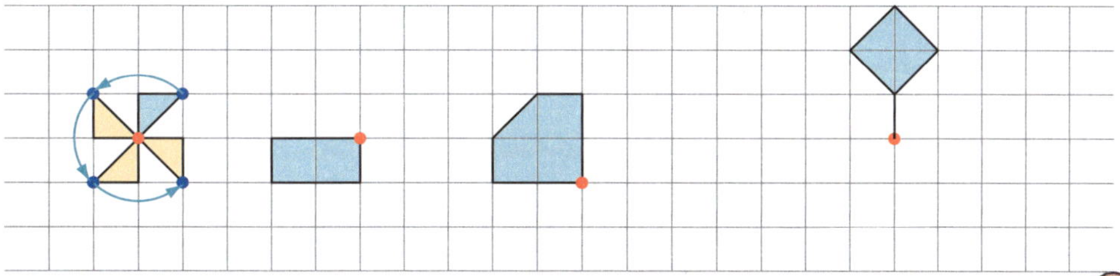

Es kann auch 2 Lösungen geben.

⑦ **Wie können die Figuren entstanden sein? Trage ein:**
A = Achsenspiegelung; D = Drehung; V = Verschiebung.

A, D ____ ____ ____ ____ ____ ____ ____

① Ein geometrischer Körper, der keine Ecken und Kanten hat und nur aus einer Fläche besteht, heißt

10				

.

② Wenn zwei Linien aufeinander senkrecht stehen, liegt zwischen ihnen ein

			4			r

Winkel.

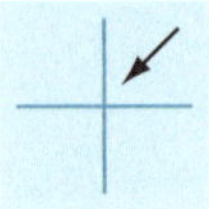

③ Ein

	ü			5	

ist ein geometrischer Körper, der 6 Quadrate als Netz hat.

④ Zwei Geraden, die sich nie schneiden und überall den gleichen Abstand haben, sind

			2		l		

.

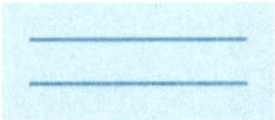

⑤ Bei Landkarten und Bauplänen verrät er dir die wahre Größe.

1		ß		8		

⑥ Das Netz dieses Körpers besteht aus einem Rechteck und zwei Kreisen.

			9				

⑦ Ein Viereck mit vier gleich langen Seiten und vier rechten Winkeln heißt

						3

.

⑧ Die Entfernung von einem Kreismittelpunkt zur Kreislinie heißt

	7				

.

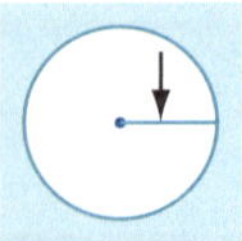

⑨ Wenn du die Länge deines Gürtels misst, weißt du deinen Bauch-

	6				g

.

Lösungswort:

1	2	3	4	5	6	7	8	9	10